# Inhaltsverzeichnis

Klasse 4

## Zahlen und Operationen

## Raum und Form

## Muster und Strukturen

## Größen und Messen

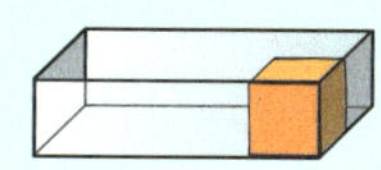

## Daten, Häufigkeit und Wahrscheinlichkeit



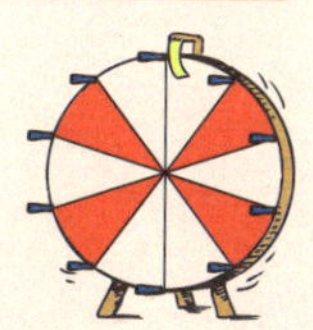

## Lerntagebuch

# Vorwort

Liebe Eltern, liebe Lehrerinnen und Lehrer,

im Mathematikunterricht werden Aufgabenformate immer wichtiger, die unterschiedliche Qualitäten mathematischen Denkens beinhalten: Nicht nur reine Rechenfertigkeiten werden gefordert, sondern auch allgemeine, mathematische Kompetenzen wie Argumentieren, Darstellen von Mathematik, Kommunizieren, Modellieren und Problemlösen. Es soll sich in einer Weise mit Mathematik befasst werden, die den Anforderungen des gegenwärtigen und künftigen Lebens einer Person als konstruktiver, engagierter und reflektierender Person entspricht.
Jede Aufgabe wird daher einem der **drei Anforderungsbereiche** „Reproduzieren", „Zusammenhänge herstellen" oder „Verallgemeinern und Reflektieren" zugeordnet und sind so aufgebaut, dass sie weitgehend selbstständig von den Kindern bearbeitet werden können.
Die Hefte orientieren sich an den **fünf Inhaltsbereichen,** wie sie in den Bildungsstandards formuliert sind.
Zur Übersicht wird für jedes Kapitel eine **Mind Map** beigelegt. Diese ermöglicht einen strukturierten Überblick zur entsprechenden Thematik.
Mit einem **Lerntagebuch** für jeden Inhaltsbereich dokumentieren die Kinder, was sie bereits bearbeitet haben und wie sie selbst ihr Können einschätzen. Im Lerntagebuch finden Sie zu einigen Seiten des Arbeitsheftes einen Verweis auf Seiten in dem *mini*LÜK Heft „Mathekompetenz 4. Klasse" für weitere Übungen.
Unter den **Aufgabennummern,** auf den Seiten mit Rechenaufgaben, ist durch ein Punktefeld angegeben, wie viele Punkte es maximal für diese Aufgabe gibt. Diese werden pro Einzelaufgabe oder Aufgabenteil vergeben. Die Kinder kontrollieren ihre Aufgaben mit den Lösungsseiten im Heft und können am Rand die Punkteanzahl anmalen und ins Lerntagebuch übertragen.

Viel Erfolg beim Bearbeiten dieser Aufgaben wünschen
Marco Bettner, Dr. Erik Dinges und Heiner Müller

Aufgaben zum Anforderungsbereich „Reproduzieren"

Aufgaben zum Anforderungsbereich „Zusammenhänge herstellen"

Aufgaben zum Anforderungsbereich „Verallgemeinern und Reflektieren"

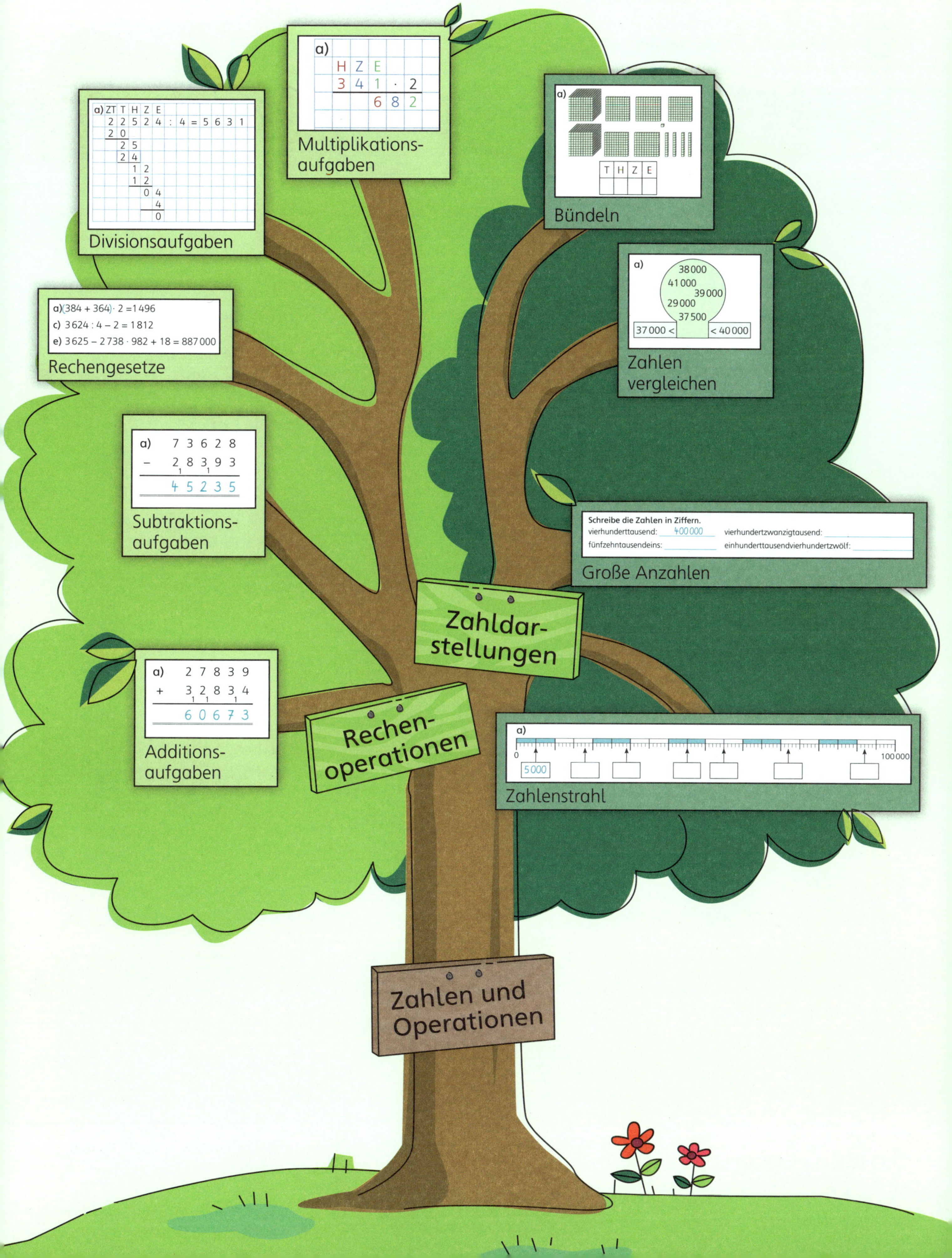

a) ZT T H Z E
2 2 5 2 4 : 4 = 5 6 3 1
2 0
2 5
2 4
1 2
1 2
0 4
4
0
Divisionsaufgaben
a) H Z E
3 4 1 · 2
6 8 2
Multiplikations-aufgaben
a) T H Z E
Bündeln
a) 38 000 41 000 39 000 29 000 37 500
37 000 < < 40 000
Zahlen vergleichen
a) (384 + 364) · 2 = 1496
c) 3624 : 4 – 2 = 1812
e) 3625 – 2738 · 982 + 18 = 887 000
Rechengesetze
a) 7 3 6 2 8
– 2 8 3 9 3
4 5 2 3 5
Subtraktions-aufgaben
Schreibe die Zahlen in Ziffern.
vierhunderttausend: 400 000
vierhundertzwanzigtausend:
fünfzehntausendeins:
einhunderttausendvierhundertzwölf:
Große Anzahlen
Zahldar-stellungen
a) 2 7 8 3 9
+ 3 2 8 3 4
6 0 6 7 3
Additions-aufgaben
Rechen-operationen
a) 0 100 000 5000
Zahlenstrahl
Zahlen und Operationen

# Große Anzahlen

## Zahlen und Operationen

**1** Wie viele Kekse sind es jeweils?

a) 

b) 

c) 

d) 

a) ____________ Kekse  b) ____________ Kekse  c) ____________ Kekse  d) ____________ Kekse

**2** Wie viele Perlen zum Fädeln sind es in den Packungen etwa?

____________ Perlen

**3** Schreibe die Zahlen in Ziffern.

vierhunderttausend: 400 000  vierhundertzwanzigtausend: ____________

fünfzehntausendeins: ____________  einhunderttausendvierhundertzwölf: ____________

**4** Schreibe die Zahlen in Worten:

33 000: dreiunddreißigtausend  320 003: ____________

700 000: ____________  38 050: ____________

**5** Bilde mit den Zahlwortkarten verschiedene sechsstellige Zahlen. Schreibe als Zahlwort und als Ziffer. (Tipp: Du kannst die Karten auch mehrmals verwenden!)

sieben | und | sechzig | hundert | achtzig | zwanzig

tausend | drei | neunzig | dreizehn | neunzehn

1. siebenhunderttausenddrei = 700 003
2. ____________
3. ____________
4. ____________
5. ____________
6. ____________
7. ____________

# Zahlraum bis 10 000



**1** Wie heißen die Zahlen?

a)

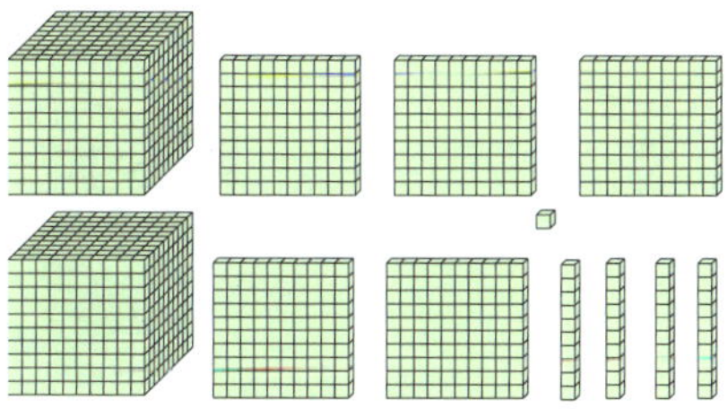

| T | H | Z | E |
|---|---|---|---|
| | | | |

b)

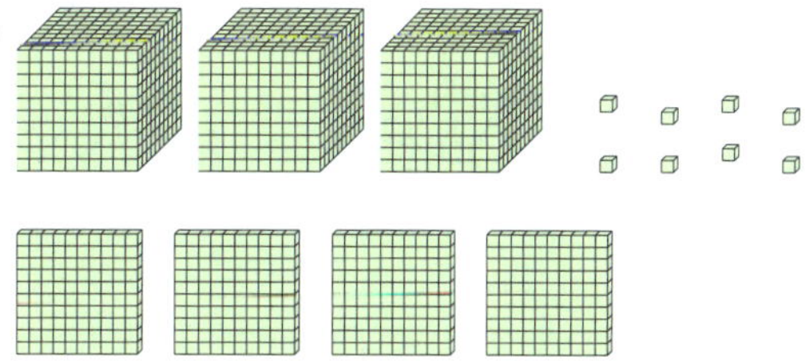

| T | H | Z | E |
|---|---|---|---|
| | | | |

c)

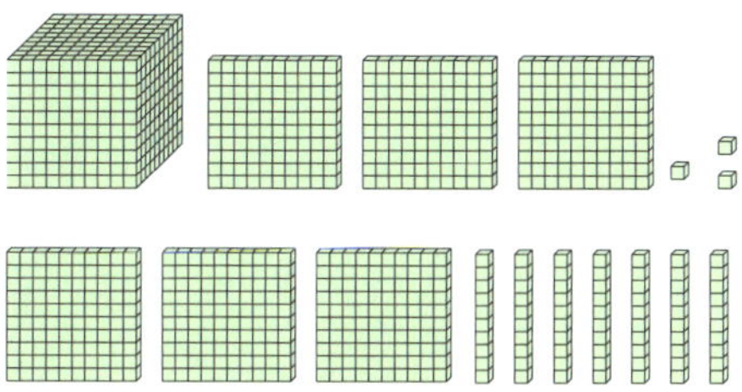

| T | H | Z | E |
|---|---|---|---|
| | | | |

d)

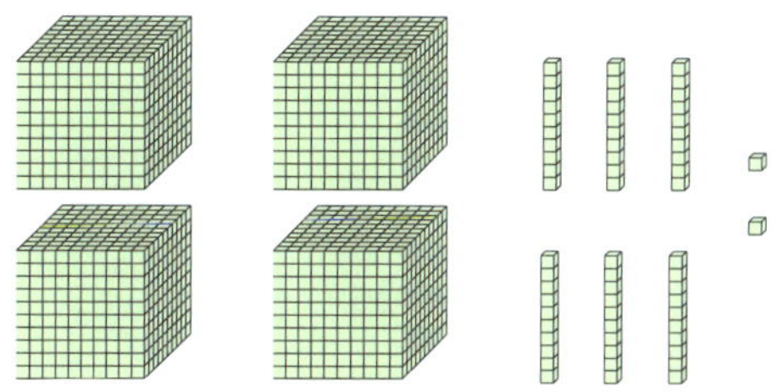

| T | H | Z | E |
|---|---|---|---|
| | | | |

**2** Schreibe Vorgänger (V) und Nachfolger (N) auf.

a)

| | T | H | Z | E |
|---|---|---|---|---|
| V: | 2 | 5 | 3 | 7 |
| | 2 | 5 | 3 | 8 |
| N: | 2 | 5 | 3 | 9 |

b)

| T | H | Z | E |
|---|---|---|---|
| | | | |
| 5 | 9 | 5 | 1 |
| | | | |

c)

| T | H | Z | E |
|---|---|---|---|
| | | | |
| 4 | 8 | 7 | 9 |
| | | | |

d)

| T | H | Z | E |
|---|---|---|---|
| 5 | 3 | 9 | 8 |
| | | | |
| | | | |

e)

| T | H | Z | E |
|---|---|---|---|
| | | | |
| | | | |
| 9 | 6 | 4 | 1 |

**3** Wie heißen die Nachbarzahlen (N), Nachbarzehner (NZ) und Nachbartausender (NT)?

| NT | NZ | N | Zahl | N | NZ | NT |
|---|---|---|---|---|---|---|
| 1000 | 1760 | 1761 | 1762 | 1763 | | |
| | | | 3927 | | | |
| | | | 6204 | | | |
| | | 8093 | | | | |
| | | | | 7293 | | |

**4** Luca würfelt mit fünf Würfeln die Zahlen 3, 5, 3, 6, 1.

a) Wie heißt die größte fünfstellige Zahl, die er mit den Augenzahlen bilden kann? ________

b) Wie heißt die kleinste fünfstellige Zahl, die er mit den Augenzahlen bilden kann? ________

# Stellenwerttafel

Zahlen und Operationen

**1** Beschrifte die Stellenwerttafel in Aufgabe 2 und 3.

Tausender (T) | Hunderter (H) | Einer (E) | Million (M)

Zehntausender (ZT) | Zehner (Z) | Hunderttausender (HT)

**2** Beantworte die folgenden Fragen.

**a)** Welche Zahl ist in der Stellenwerttafel dargestellt? ______

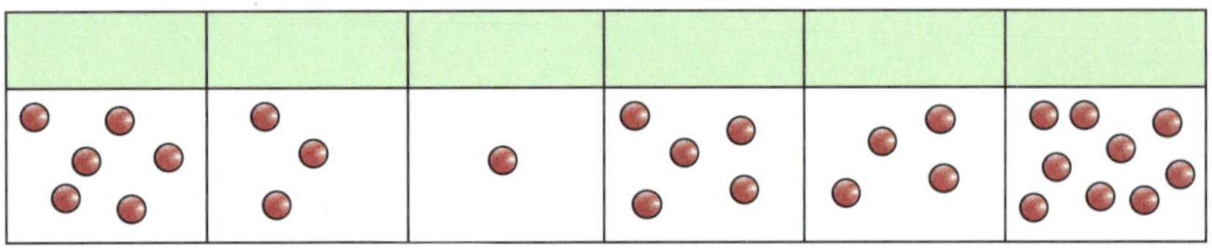

**b)** Verschiebe ein Plättchen von der Tausenderstelle an die Einerstelle.

Wie heißt die Zahl? ______

**3** Welche Zahlen sind in der Stellenwerttafel dargestellt? Schreibe diese in Ziffern.

1. 479 003 2. ______ 3. ______

| | | | | | | | |
|---|---|---|---|---|---|---|---|
| | 4 | 7 | 9 | 0 | 0 | 3 | 400 000 + 70 000 + 9000 + 3 |
| | 1 | 4 | 8 | 9 | 5 | 3 | |
| | 8 | 0 | 8 | 0 | 0 | 5 | |
| | | | | | | | |
| | | | | | | | |
| | | | | | | | |
| | | | | | | | |

**4** Schreibe die Zahlen in die Stellenwerttafel in Aufgabe 3 und zerlege sie.

**1.** 873 084

**2.** vierhunderttausendzweihundertvier

**3.** 6 HT 5 ZT 8 H 6 Z 3 E

**4.** 1 M 6 ZT 9 H 9 E

**5** Wie heißen die folgenden Zahlen?

**a)** 3 ZT 5 H 1 E = 30 501

**b)** 6 T 7 H 2 Z 2 E = ______

**c)** 4 HT 8 ZT = ______

**d)** 3 T 5 Z = ______

**e)** 7 HT 4 ZT 2 T = ______

**f)** 7 HT 4 E = ______

**6** Wie viele verschiedene dreistellige Zahlen gibt es, die eine 5 an der Zehnerstelle haben?

______

Zahlen und Operationen

**1** Schreibe die richtigen Zahlen in die Kästchen.

a)

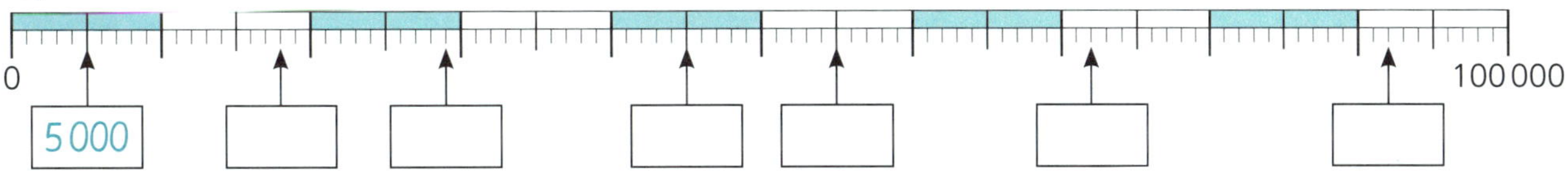


b)

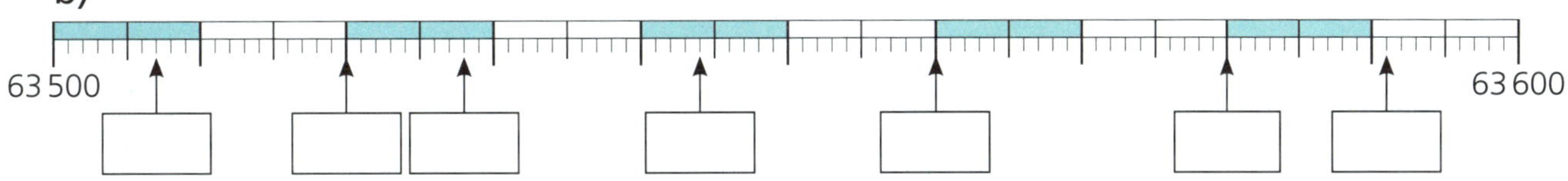


c)

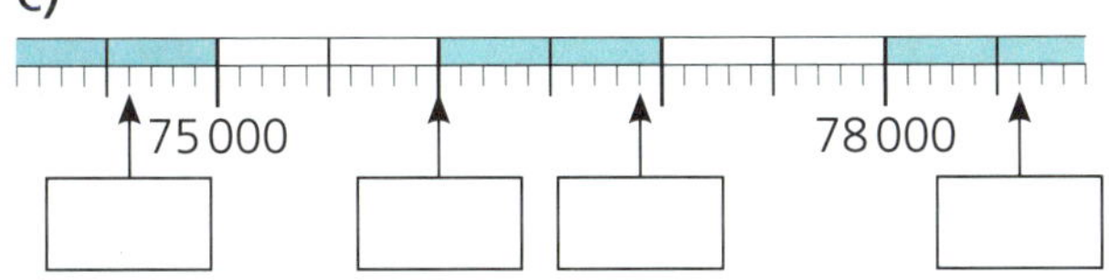


d)

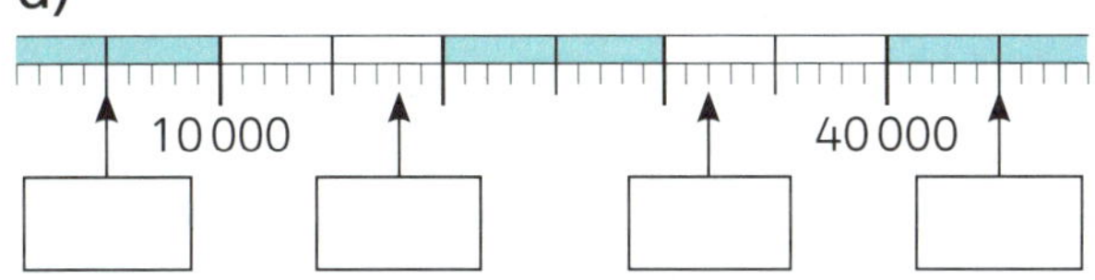


e)

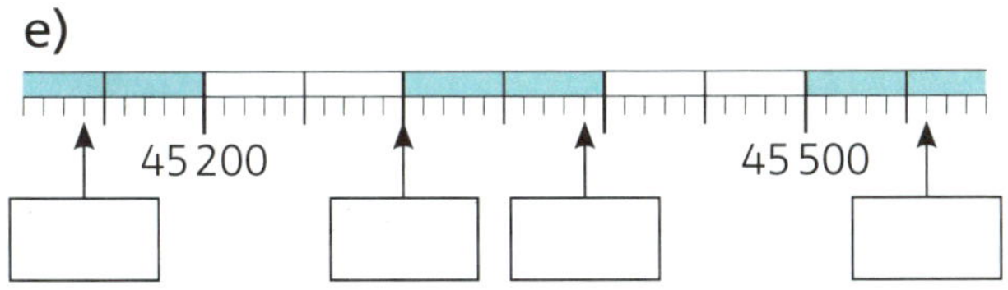


f)

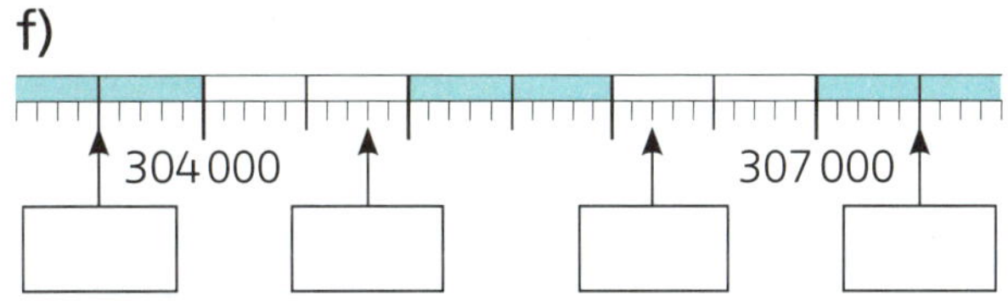


**2** Markiere folgende Zahlen am Zahlenstrahl und schreibe sie an die richtige Stelle.

a) ~~13 000~~, 50 000, 65 000, 42 000, 84 000

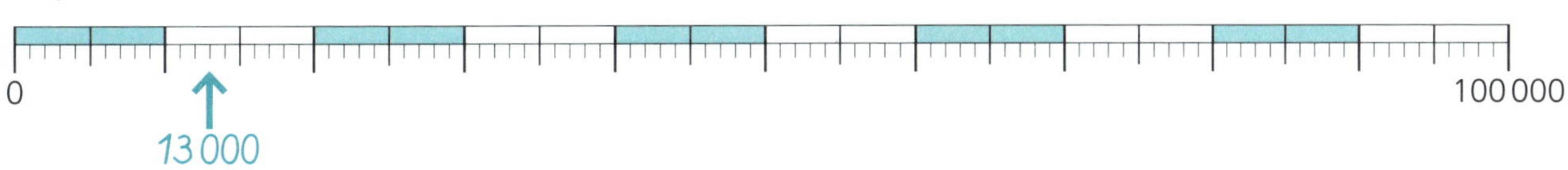


b) 149 000, 149 150, 149 700, 149 520, 149 310

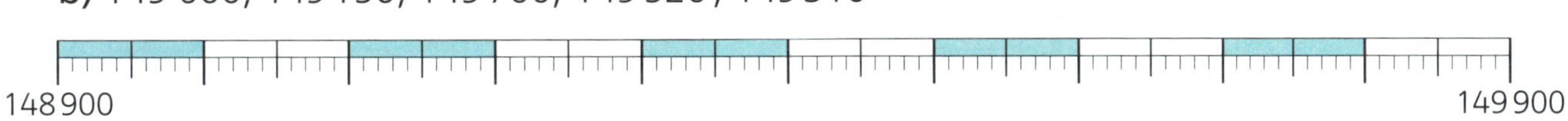


**3** Ordne die Zahlen aus Aufgabe 2 nach ihrer Größe.

a) 13 000 < ______ < ______ < ______ < ______

b) ______ < ______ < ______ < ______ < ______

**4** Vervollständige folgenden Satz:

Je weiter man auf dem Zahlenstrahl nach rechts läuft, desto ______________________

______________________________________________

# Zahlendarstellung

## Zahlen und Operationen

**1** **Betrachte das Zehntausenderfeld und beantworte die folgenden Fragen.**

**a)** Wie viele Tausender enthält das Zehntausenderfeld? ______________ Tausender

**b)** Wie viele Hunderter sind dies? ______________ Hunderter

**c)** Wie viele Tausender sind in einem halben ZT-Feld? ______________ Tausender

**d)** Wie viele Hunderter sind in einem halben ZT-Feld? ______________ Hunderter

| 10 000<br>Zehntausend<br>1 ZT = 10 T | 1 000<br>Tausend<br>1 T = 10 H | 100<br>Hundert<br>1 H = 10 Z | 10<br>Zehn<br>1 Z = 10 E | 1<br>Eins<br>1 E |
|---|---|---|---|---|

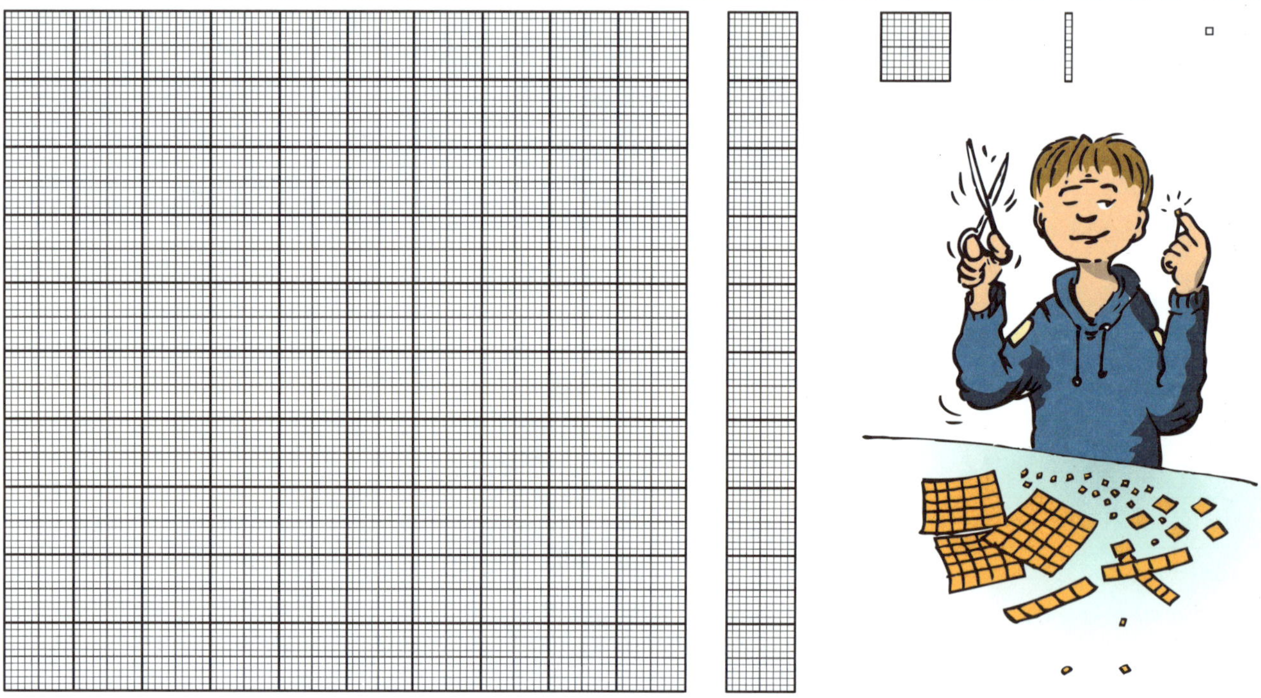

**2** **Welche Zahlen sind dargestellt? Schreibe sie auf.**

a)

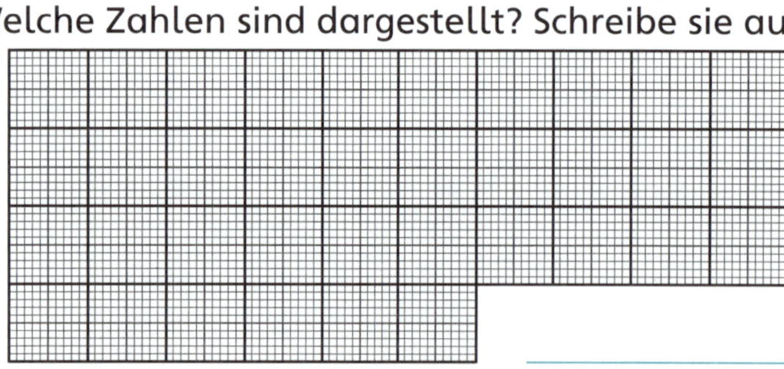

______________

b)

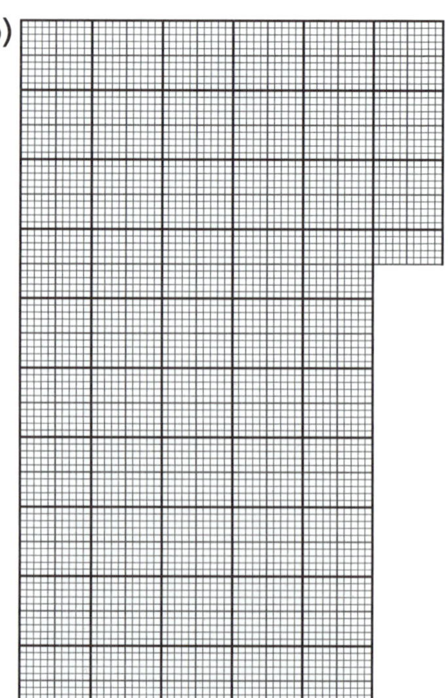

______________

c)

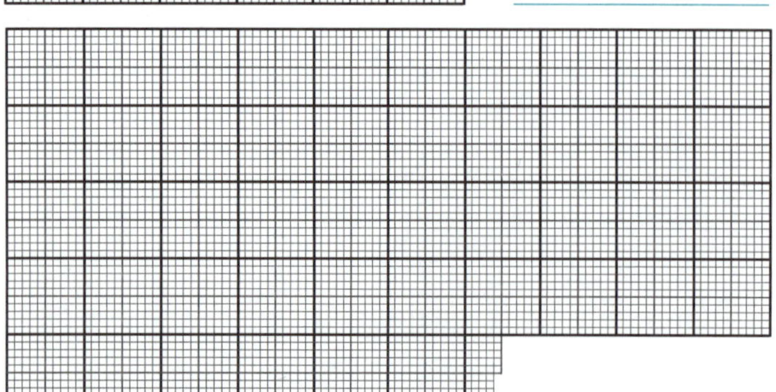

______________

**1** Schreibe die Zahlen auf.

| | | | | |
|---|---|---|---|---|
| a) die nächstkleinere Einerzahl von | 24 614 | 24 613 | 43 444 | |
| b) die nächstgrößere Hunderterzahl von | 154 730 | | 731 313 | |
| c) die nächstgrößere Tausenderzahl von | 566 278 | | 495 300 | |
| d) die nächstkleinere Zehntausenderzahl von | 352 219 | | 195 837 | |

**2** Zwischen welchen Zehntausendern liegen die folgenden Zahlen?

a) 38 230 zwischen 30 000 und 40 000 b) 63 463 zwischen ______ und ______

c) 26 462 zwischen ______ und ______ d) 45 673 zwischen ______ und ______

**3** Streiche die falschen Zahlen durch.

a) 38 000, 41 000, 39 000, 29 000, 37 500 — 37 000 < ☐ < 40 000

b) 49 000, 48 100, 45 200, 48 400, 46 700 — 45 500 < ☐ < 48 200

c) 67 322, 70 500, 69 411, 65 299, 68 002 — 65 391 < ☐ < 70 498

**4** Setze >, < oder = ein.

| a) | | | b) | | | c) | | | d) | | |
|---|---|---|---|---|---|---|---|---|---|---|---|
| 122 344 | > | 23 603 | 24 493 | | 49 233 | 30 344 | | 30 344 | 523 346 | | 173 438 |
| 10 423 | | 33 550 | 92 283 | | 92 392 | 634 205 | | 993 233 | 573 437 | | 573 199 |
| 34 184 | | 34 482 | 13 484 | | 20 000 | 254 482 | | 254 882 | 864 533 | | 864 533 |
| 39 664 | | 39 664 | 55 133 | | 29 144 | 493 435 | | 493 482 | 572 312 | | 571 836 |

**5** Setze die Zahlen ein.

a) 35 476, 38 294, 29 384, 49 282

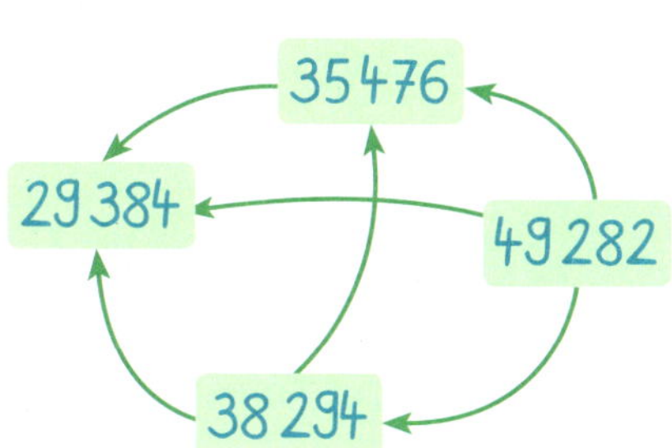


b) 67 767, 76 777, 67 776, 767 676

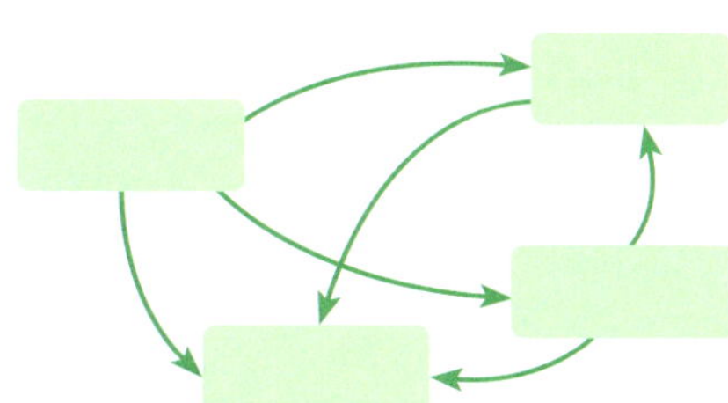

c) 367 485, 294 874, 467 283, 483 982, 487 739, 348 475

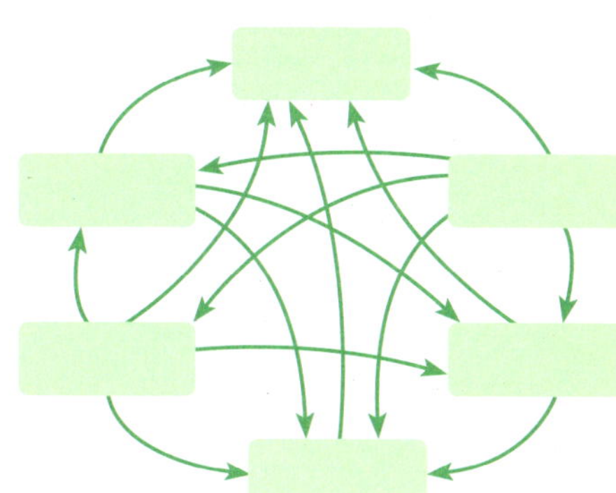

# Runden

Zahlen und Operationen

**1** Beantworte die folgenden Fragen:

a) Bei welchen Ziffern musst du abrunden? ______

b) Bei welchen Ziffern musst du aufrunden? ______

**2** Runde 39 573 auf
– volle Zehner: ______
– volle Hunderter: ______
– volle Zehntausender: ______

**3** Runde die Zahlen auf volle Hundertausender (HT), Zehntausender (ZT), Tausender (T) und Zehner (Z).

| | HT | ZT | T | Z |
|---|---|---|---|---|
| 273 485 | 300 000 | 270 000 | 273 000 | 273 490 |
| 837 292 | | | | |
| 273 083 | | | | |
| 370 037 | | | | |
| 299 389 | | | | |

**4** Runde die Höhenangaben der Berge auf Hunderter. Zeichne die Höhe der Säule für jeden Berg richtig ein (1 mm entspricht 100 m).

1. Großglockner: 3 798 m gerundet: 3 800 m
2. Schneekoppe: 1 603 m gerundet: ______
3. Hochfeiler: 3 510 m gerundet: ______
4. Wildspitze: 3 774 m gerundet: ______
5. Eiger: 3 970 m gerundet: ______

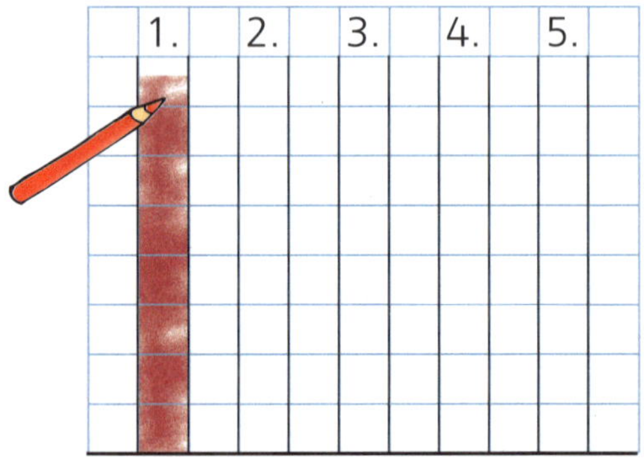


**5** Am 16.06.2008 spielte in der Vorrunde der EM Deutschland gegen Österreich. Um das Fußballspiel zu sehen, kamen ungefähr 8 000 Leute nach Gießen. Wie viele könnten es genau gewesen sein? Schreibe drei Möglichkeiten auf.

______, ______, ______

**6** Überlege, in welchem Zusammenhang das Runden nicht sinnvoll ist. Kreuze dieses an.

☐ Höhe von Bergen ☐ Angabe von Kleidergrößen ☐ Geldbeträge beim Einkauf

Begründe deine Entscheidung

______

______

**1** Setze folgende Zahlen zusammen.

a) 300 000 + 4 000 + 50 = ____________ b) 700 000 + 30 000 + 300 + 2 = ____________

c) 400 000 + 3 000 + 30 + 1 = ____________ d) 900 000 + 300 + 60 + 2 = ____________

**2** Schreibe die Zahlen von Aufgabe 1 wie im Beispiel.

a) 3HT + 4T + 5Z b) ____________

c) ____________ d) ____________

**3** Wie heißen die Nachbartausender (NT), Nachbarzehntausender (NZT) und Nachbarhunderttausender (NHT)?

| NHT | NZT | NT | Zahl | NT | NZT | NHT |
|---|---|---|---|---|---|---|
| 300 000 | 360 000 | 365 000 | 365 283 | 366 000 | | |
| | | | 538 481 | | | |
| | | | 749 300 | | | |

**4** Trage in die Tabelle ein.

a)

| HT | ZT | T | H | Z | E |
|---|---|---|---|---|---|
| 5 | 6 | 0 | 0 | 0 | 1 |
| | | | | | |
| | | | | | |

5HT 6Z 1E
1HT 5H 3Z 8E
3ZT 6H 4Z

b)

| HT | ZT | T | H | Z | E |
|---|---|---|---|---|---|
| | | | | | |
| | | | | | |
| | | | | | |

5HT 12ZT 7H 20Z
6HT 9ZT 18T 5H 23Z 3E
5HT 5ZT 4T 12H 13Z 5E

**5** Finde die gesuchten Zahlen.

a) Meine Zahl liegt direkt rechts von 384 923. ____________

b) Meine Zahl liegt zwischen 139 500 und 139 900. ____________

c) Meine Zahl ist 50 000 größer als 250 000. ____________

d) Meine Zahl liegt genau zwischen 642 239 und 648 239. ____________

**6** Suche die größte sechsstellige Zahl mit folgenden Bedingungen:

1. Die Zahl ändert sich nicht, wenn man die Zehner und Tausenderziffer vertauscht.
2. Die Hunderttausenderziffer ist doppelt so groß wie die Hunderterziffer.
3. Die Zehnerziffer und Einerziffer ergeben zusammen 5.
4. An der Einerstelle steht die Zahl 2.

Die Zahl heißt: ____________

# Sachaufgaben

## Zahlen und Operationen

**1** Wie viele Schokolinsen sind es jeweils?

______ Schokolinsen

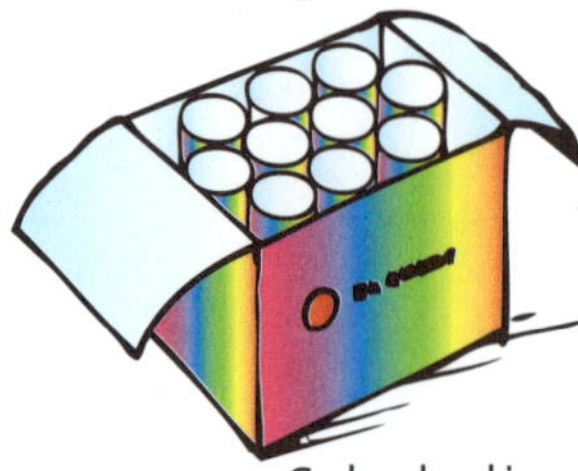

______ Schokolinsen

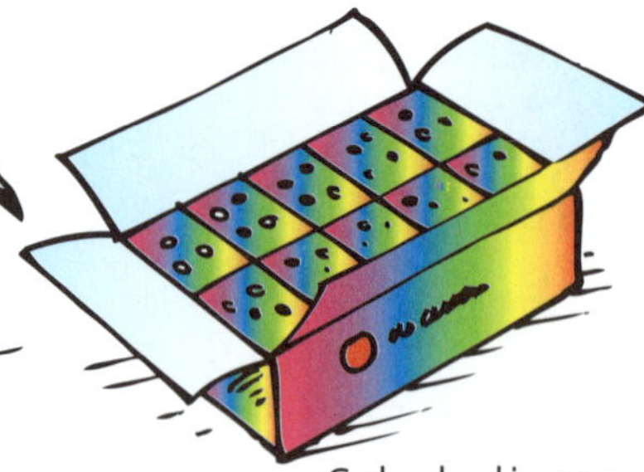

______ Schokolinsen

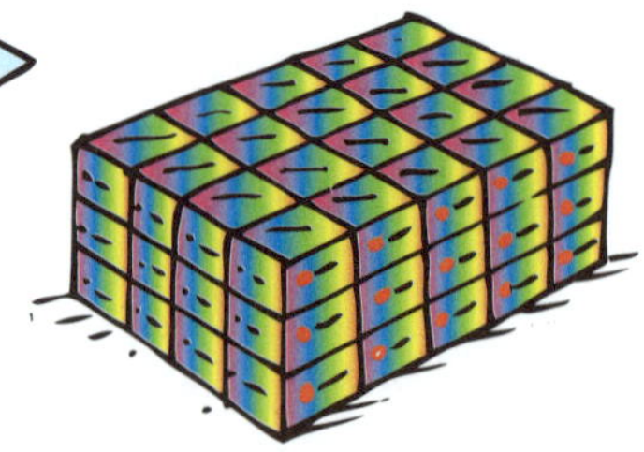

______ Schokolinsen

**2** Im Stadion „Kirschenwaldarena" gab es in der letzten Saison verschiedene Zuschauerzahlen.

| Spiel | FC Grünberg – Kickers Dorf.Güll | Holzheim – FC Gamach | Kickers Butzbach – FC Grünberg | Kickers Dorf-Güll – Holzheim | FC Gambach – FC Grünberg |
|---|---|---|---|---|---|
| Zuschauerzahlen | 40 994 | 10 938 | 41 001 | 35 837 | 29 090 |

Ordne die Zahlen nach ihrer Größe. Beginne mit der kleinsten Zahl.

______ < ______ < ______ < ______ < ______

**3** In der Tabelle stehen die größten Städte in Hessen mit ihren Einwohnerzahlen.
Ordne die Städte nach der Anzahl ihrer Einwohner.
Beginne mit der größten Anzahl.

Frankfurt > ______ > ______ >
______ > ______ > ______ >
______ > ______

| | |
|---|---|
| Kassel | 194 322 |
| Hanau | 88 897 |
| Gießen | 74 001 |
| Frankfurt am Main | 655 505 |
| Darmstadt | 139 698 |
| Marburg | 78 511 |
| Offenbach | 119 208 |
| Wiesbaden | 271 995 |

**4** Die Zahlen in der Tabelle geben die gerundeten Besucherzahlen des Freizeitparks „Hab Spaß" für jeden Monat innerhalb der Öffnungszeit an. Trage darunter die tatsächliche Anzahl ein.

50 729 41 324 49 521
45 711 49 299 58 090

| Monat | April | Mai | Juni | Juli | August | September |
|---|---|---|---|---|---|---|
| gerundete Besucherzahl | 41 000 | 46 000 | 50 000 | 58 000 | 51 000 | 49 000 |
| tatsächliche Besucherzahl | | | | | | |

**5** Gesucht ist eine 6-stellige Zahl. Sie besteht aus 2 Ziffern und man kann sie vorwärts und rückwärts lesen. Die Quersumme der Zahl ergibt 16.

Wie heißt die gesuchte Zahl? ______

**1** Rechne und male wie im Beispiel.

a)

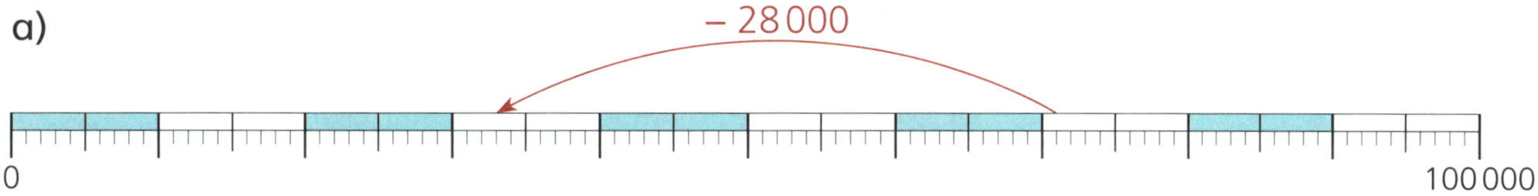


71 000 – 28 000 = ______

b)

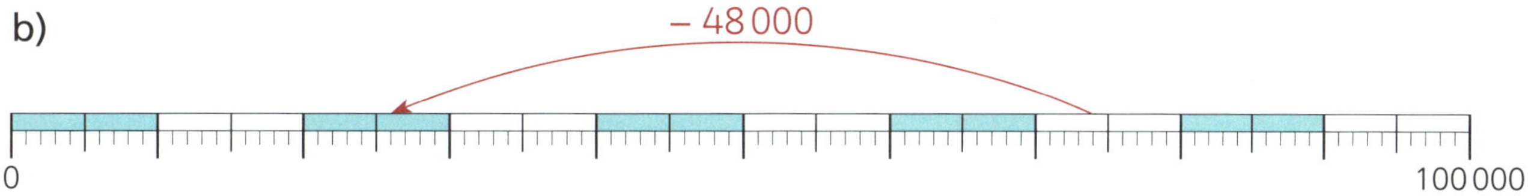


______ – ______ = ______

c)

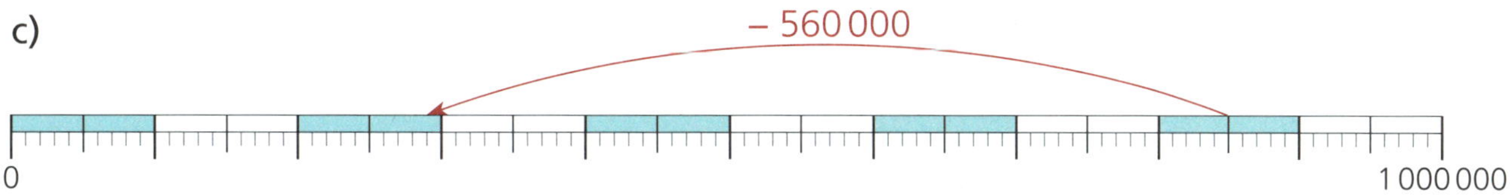


______ – ______ = ______

d)

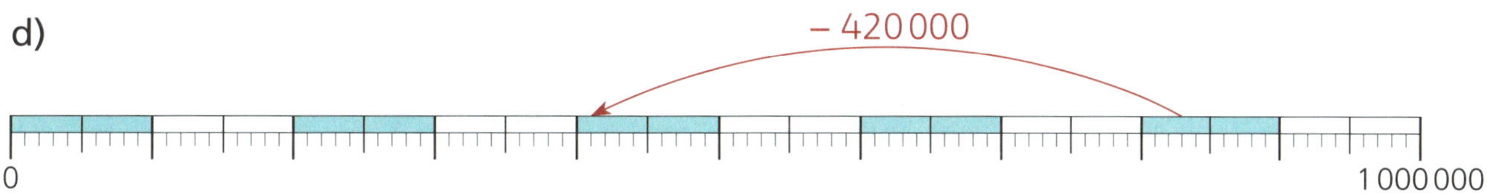


______ – ______ = ______

e)

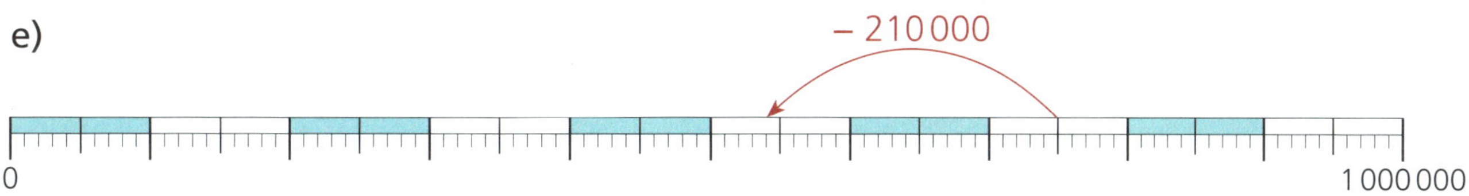


______ – ______ = ______

**2** Fülle die leeren Felder aus.

**3** Vervollständige die Tabelle.

| – | 10 000 | 20 000 | 35 000 | | |
|---|---|---|---|---|---|
| 70 000 | 60 000 | | | 15 000 | |
| 85 000 | | | | | |
| 430 000 | | | | | 424 000 |

# Mündliches Multiplizieren und Dividieren

Zahlen und Operationen

**1** Kreuze das richtige Ergebnis an.

a) 50 · 60 = ______
- [ ] 30
- [x] 3000
- [ ] 300

b) 80 · 70 = ______
- [ ] 560
- [ ] 4900
- [ ] 5600

c) 4800 : 80 = ______
- [ ] 80
- [ ] 60
- [ ] 6

d) 400 · 60 = ______
- [ ] 6400
- [ ] 24000
- [ ] 2400

e) 32000 : 40 = ______
- [ ] 800
- [ ] 80
- [ ] 8000

f) 420000 : 7 = ______
- [ ] 600
- [ ] 6000
- [ ] 60000

**2** Verbinde mit dem richtigen Ergebnis.

| 60 · 30 | 80 · 90 | 6 · 600 | 210000 : 70 | 7000 · 5 | 72000 : 9 |
|---|---|---|---|---|---|
| 7200 | 35000 | 8000 | 1800 | 3000 | 3600 |

**3** Fülle die Rechenhäuser aus.

a)

| 36000 | | |
|---|---|---|
| 9 | · | ______ |
| 900 | · | ______ |
| ______ | · | 60 |
| ______ | · | 600 |

b)

| 64000 | | |
|---|---|---|
| 80 | · | ______ |
| 8000 | · | ______ |
| 4 | · | ______ |
| 4000 | · | ______ |

c)

| 600 | | |
|---|---|---|
| 1200 | : | ______ |
| 12000 | : | ______ |
| 54000 | : | ______ |
| ______ | : | 700 |

**4** Schreibe die Rechenbefehle in die Kreise.

700 ⇄ 49000

90 ⇄ 6300

25 ⇄ 75000

21 ⇄ 8400

**5** Trage die fehlenden Zahlen in die Zielscheiben ein.

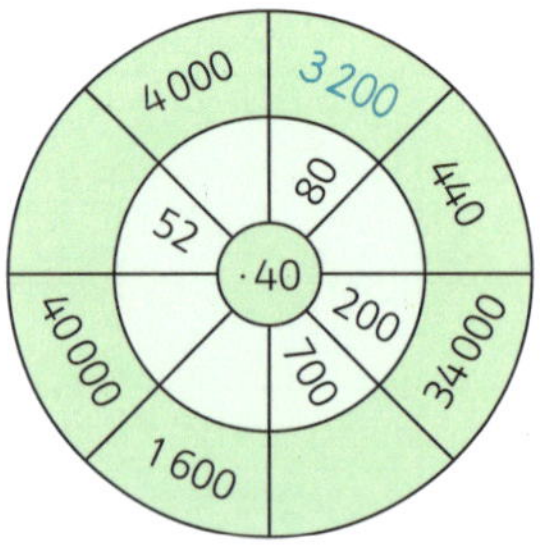


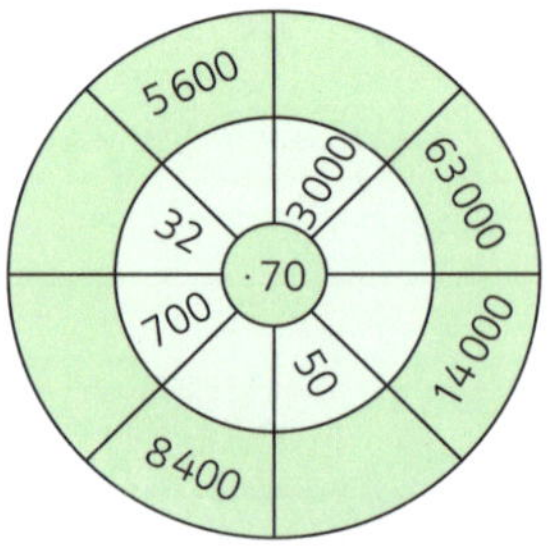

# Schriftliches Addieren 1



**1** Berechne schriftlich.

| a) | | b) | | c) | | d) | |
|---|---|---|---|---|---|---|---|
| | 27839 | | 38293 | | 38392 | | 91020 |
| + | 32834 | + | 49280 | + | 23934 | + | 39020 |
| | (Übertrag: 1 1 1) | | | | | | |
| | 60673 | | | | | | |

| e) | | f) | | g) | | h) | |
|---|---|---|---|---|---|---|---|
| | 283949 | | 389492 | | 735269 | | 297163 |
| + | 538492 | + | 39849 | + | 83925 | + | 270857 |
| | | | | | | | |

**2** Schreibe richtig untereinander und berechne.

84959 + 49292 392923 + 9382 34839 + 299293 3938 + 819238 + 20230

**3** Ergänze die fehlenden Zahlen und addiere.

| a) | | b) | | c) | |
|---|---|---|---|---|---|
| | ☐☐☐☐☐☐ | | 100986 | | 198 |
| + | 174016 | + | ☐☐☐☐☐☐ | + | 97531 |
| + | 27201 | + | 1608 | + | ☐☐☐☐☐☐ |
| | 202020 | | 123456 | | 333333 |

**4** Welche der folgenden Aufgaben würdest du nicht schriftlich rechnen, sondern im Kopf lösen? Kreuze an und löse sie.

| | | | |
|---|---|---|---|
| ☐ 3829 + 8937 | ☐ 5078 + 322 | ☐ 30293 + 20407 | ☐ 39282 + 30201 |
| ☐ 29383 + 392294 | ☐ 7749 + 8264 | ☐ 34929 + 2999 | ☐ 82737 + 92384 |

# Schriftliches Addieren 2

Zahlen und Operationen

**1** Berechne die Summe und schreibe die Lösung als Zahl.

a) 7ZT 7T 8Z + 4ZT 8T 4H 8E

b) 5HT 8ZT 2T 9H 3E + 2HT 1ZT 9T 3H 4Z

c) 7ZT 5H 8Z 4E + 7HT 4ZT 3H 8E

**2** Berechne die Fünfersummen von einem Ende über die Mitte zum anderen Ende.

AC: ______ EB: ______ CD: ______ AD: ______

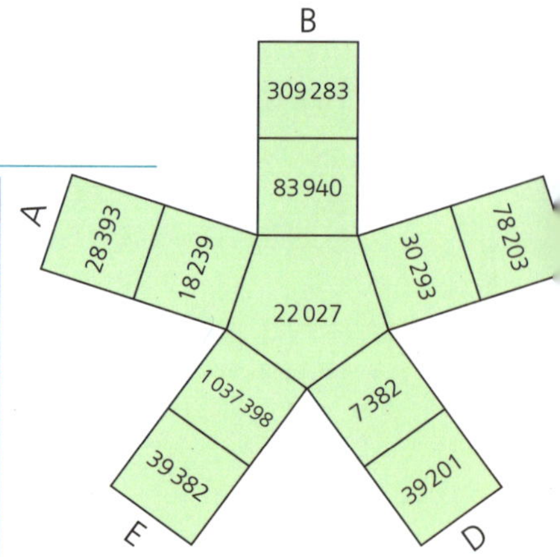


**3** Bilde vier verschiedene Additionsaufgaben aus zwei fünfstelligen Zahlen mit dem Ergebnis 157 382.

**4** Bilde aus den Ziffern 0 1 2 3 4 5 6 7 8 9 zwei vierstellige Zahlen nach folgenden Regeln (Hinweis: Du darfst jede Ziffer nur einmal verwenden.):

a) Wenn man die Zahlen addiert, so soll das größtmögliche Ergebnis entstehen.

1 Zahl: ______ 2. Zahl: ______

b) Wenn man die beiden Zahlen addiert, so soll das Ergebnis so nah wie möglich an der Zahl 10 000 liegen. 1 Zahl: ______ 2. Zahl: ______

c) Wenn man die beiden Zahlen addiert, so soll das kleinstmögliche Ergebnis entstehen.

1 Zahl: ______ 2. Zahl: ______

# Schriftliches Subtrahieren 1



**1** Berechne schriftlich.

| a) | b) | c) | d) |
|---|---|---|---|
| 73628 − 28393 = 45235 | 38482 − 29348 = | 87402 − 39402 = | 389439 − 49839 = |

| e) | f) | g) | h) |
|---|---|---|---|
| 832746 − 482934 = | 940202 − 839492 = | 749261 − 37858 = | 827361 − 381573 = |

**2** Trage die fehlenden Zahlen ein.

a) 57069 | 13027 | 4077 | 1099

44042 | | 

 | 

(leer)

57069 − 13027 = 44042

b) 982598 | 695378 | 408158 | 120938

 | | 

 | 

(leer)

**3** Bilde eine Zahl, deren Ziffern sich abwechseln, z.B. 717171. Die Spiegelzahl zu 717171 lautet 171717. Berechne die Differenz.

**4** Bilde weitere drei Zahlen und rechne wie in Aufgabe 3.

**5** Was fällt dir bei den Ergebnissen von Aufgabe 4 auf? Beschreibe.

# Schriftliches Subtrahieren 2



**1** **Schreibe richtig untereinander und berechne.**

84 372 – 48 938 | 495 739 – 38 293 | 88 843 – 29 893 | 384 945 – 199 938

**2** **Setze die fehlenden Zahlen ein.**

a)

| | | | | | |
|---|---|---|---|---|---|
| | 7 | 3 | 8 | 2 | 4 |
| – | | 4 | 9 | 2 | 3 |
| | 6 | 8 | 9 | 0 | 1 |

b)

| | | | | | |
|---|---|---|---|---|---|
| | 4 | 8 | 4 | 9 | 2 |
| – | | 4 | | | |
| | 4 | 3 | 5 | 4 | 5 |

c)

| | | | | | |
|---|---|---|---|---|---|
| | 2 | 8 | 3 | 4 | 8 |
| – | | 9 | 3 | 8 | |
| | | 8 | 9 | 6 | 1 |

d)

| | | | | | |
|---|---|---|---|---|---|
| | 9 | 5 | 4 | 8 | |
| – | 5 | 8 | 3 | | 4 |
| | 3 | 7 | | 8 | 9 |

e)

| | | | | | | |
|---|---|---|---|---|---|---|
| | 5 | 9 | | 4 | | 2 |
| – | 3 | 9 | 4 | | 8 | 2 |
| | 1 | 9 | 9 | 2 | 6 | 0 |

f)

| | | | | | | |
|---|---|---|---|---|---|---|
| | 8 | 4 | 9 | | 3 | 9 |
| – | 6 | 6 | | 8 | 2 | 9 |
| | 1 | | 6 | 0 | 1 | 0 |

**3** **Stelle dir vor, du hast die folgenden Ziffernkarten:** 8 5 4 2

Bilde dann eine beliebige Minusaufgabe wie z.B. 85 – 42.

Berechne dann das Ergebnis: 85 – 42 = ______

Drehe die Ziffern innerhalb der beiden Zahlen um, also 58 – 24.

Berechne das Ergebnis: 58 – 24 = ______

a) Wiederhole dies mit den Ziffernkarten 9 7 3 1

b) Was fällt dir bei den Ergebnissen auf? Beschreibe.

**4** **Erkläre deine Beobachtungen in Aufgabe 3b).**

**1** Berechne schriftlich die Zahlenmauern. Fülle die Lücken aus.

| | | | |
|---|---|---|---|
| 133 234 | | | |
| 93 840 | 39 394 | 19 438 | 20 192 |

| | | | |
|---|---|---|---|
| 42 039 | 17 393 | 20 189 | 102 938 |

**2** Trage die fehlenden Zahlen in die leeren Felder ein.

| | |
|---|---|
| 75 320 | 4 262 |
| 39 291 | 40 291 |
| 5 897 | |
| | 10 051 |

\+ = 79 582

| | |
|---|---|
| 500 879 | |
| | 78 714 |
| 170 513 | |
| | 123 091 |

− = 82 912

**3** **Kreise die Aufgaben ein:** – rot, wenn das Ergebnis kleiner als 21 394 ist.
– grün, wenn das Ergebnis genau 210 394 ist.
– blau, wenn das Ergebnis größer als 210 394 ist.

Tipp: Du musst nicht alle Aufgaben ausrechnen.

| | | | |
|---|---|---|---|
| 11 939 + 92 293 | 187 462 + 22 932 | 530 429 − 319 483 | 94 928 + 138 482 |
| 11 939 + 92 293 | 347 284 − 183 783 | 123 949 + 139 839 | 839 482 − 632 020 |

**4** Fülle die Lücken in den Zahlenmauern aus. In den beiden Ecksteinen sollen die gleichen Zahlen stehen.

| | | | |
|---|---|---|---|
| | | 61 504 | |
| 22 022 | 103 289 | | 22 022 |

| | | | |
|---|---|---|---|
| 73 829 | | | |
| | 9 382 | 203 939 | |

# Überschlag und Probe



**1** Rechne schriftlich und kontrolliere dein Ergebnis durch die Probe. Überschlage immer zuerst.

a) Ü: ____

```
  8 3 7 4 8
+ 2 9 3 8 3
```

b) Ü: ____

```
  8 2 9 3 4
+ 2 9 8 3 4
```

c) Ü: ____

```
  3 8 4 9 2
+ 3 8 4 8 2
```

d) Ü: ____

```
  8 3 7 4 8
− 4 1 0 0 9
```

e) Ü: ____

```
  3 9 4 7 8 2
+ 3 9 4 8 2 2
```

f) Ü: ____

```
  3 7 4 8 2
− 1 9 3 8 4
```

g) Ü: ____

```
  9 3 9 4 0 3
− 3 7 4 8 3 9
```

h) Ü: ____

```
  8 2 9 3 4 8
+   6 6 6 6 6
```

i) Ü: ____

```
  8 3 9 2 0 3
+   1 9 3 0 0
```

**2** Welches Ergebnis könnte stimmen? Entscheide durch Überschlagen und kreuze an.

a) 14 025 + 33 758 = ____ ☐ 58 783 ☐ 47 783 ☐ 37 783

b) 52 645 + 54 573 = ____ ☐ 98 718 ☐ 120 388 ☐ 107 218

c) 72 024 – 52 546 = ____ ☐ 25 478 ☐ 23 078 ☐ 19 478

d) 25 634 – 10 383 = ____ ☐ 15 251 ☐ 17 251 ☐ 19 251

**3** Finde durch Überschlagen heraus, wie oft du die Zahl 19 527 addieren musst, um möglichst nahe an die Zahl 150 000 zu kommen. Du darfst sie aber nicht überschreiten.

**4** Wie oft musst du von 300 000 die Zahl 14 911 subtrahieren, um möglichst nahe an die Zahl 0 zu kommen? Finde die Lösung durch Überschlagen.

1 Berechne schriftlich.

a) BAUMARKT

| Artikel | Euro |
|---|---|
| Teppiche | 4 375,62 |
| Fliesen | 5 215,53 |
| Ziegelsteine | 8 623,61 |

b) Mode Schmidt

| Artikel | Euro |
|---|---|
| Schuhe | 55,24 |
| Anzüge | 2 377,88 |
| Kleider | 1 849,57 |

c) AUTOHAUS SANDER

| Artikel | Euro |
|---|---|
| Auto | 25 209,24 |
| Zubehör | 4 789,75 |
| Anhänger | 7 577,15 |

2 In den Zoo Tigerklaue kamen im Jahr 2005 mehr als eine Million Besucher. In den folgenden Jahren gab es die folgenden Besucherzahlen:

| Jahr | 2006 | 2007 | 2008 |
|---|---|---|---|
| Besucherzahl | 839 429 | 792 938 | 937 381 |

Wie viele Besucher fehlen jeweils zu einer Million?

Jahr 2006: ______ Jahr 2007: ______ Jahr 2008: ______

3 Für das Konzert von Bobbie Riliams gibt es insgesamt 150 000 Karten. Im Vorverkauf wurden 78 273 Karten verkauft, an der Abendkasse waren es weitere 59 283 Karten.

Frage: ______

Rechnung: ______

Antwort: ______

4 Berechne die Summe der größten vierstelligen Zahl und der kleinsten fünfstelligen Zahl. ______

5 Um wie viel ist die Summe der Zahlen 372 638 und 193 828 kleiner als 928 192?

Rechnung: ______

Antwort: ______

# Halbschriftliches Multiplizieren



**1** Berechne wie in einem der Beispiele.

| Z | E | | H | Z | E | | T | H | Z | E |
|---|---|---|---|---|---|---|---|---|---|---|
| | 7 | · | 5 | 7 | 4 | = | | | | |
| | 7 | · | 5 | 0 | 0 | = | 3 | 5 | 0 | 0 |
| | 7 | · | | 7 | 0 | = | | 4 | 9 | 0 |
| | 7 | · | | | 4 | = | | | 2 | 8 |
| | 7 | · | 5 | 7 | 4 | = | 4 | 0 | 1 | 8 |

| Z | E | | H | Z | E | | T | H | Z | E |
|---|---|---|---|---|---|---|---|---|---|---|
| 2 | 0 | · | 1 | 8 | 7 | = | | | | |
| 2 | 0 | · | 1 | 0 | 0 | = | 2 | 0 | 0 | 0 |
| 2 | 0 | · | | 8 | 0 | = | 1 | 6 | 0 | 0 |
| 2 | 0 | · | | | | = | | 1 | 4 | 0 |
| 2 | 0 | · | 1 | 8 | 7 | = | 3 | 7 | 4 | 0 |

a)

| Z | E | | T | H | Z | E | | ZT | T | H | Z | E |
|---|---|---|---|---|---|---|---|---|---|---|---|---|
| | 8 | · | 2 | 8 | 3 | 9 | = | | | | | |
| | | | | | | | | | | | | |
| | | | | | | | | | | | | |
| | | | | | | | | | | | | |
| | | | | | | | | | | | | |
| | | | | | | | | | | | | |

b)

| Z | E | | T | H | Z | E | | ZT | T | H | Z | E |
|---|---|---|---|---|---|---|---|---|---|---|---|---|
| | 5 | · | 3 | 8 | 9 | 2 | = | | | | | |
| | | | | | | | | | | | | |
| | | | | | | | | | | | | |
| | | | | | | | | | | | | |
| | | | | | | | | | | | | |
| | | | | | | | | | | | | |

b)

| Z | E | | T | H | Z | E | | ZT | T | H | Z | E |
|---|---|---|---|---|---|---|---|---|---|---|---|---|
| | 4 | · | 7 | 0 | 7 | 2 | = | | | | | |
| | | | | | | | | | | | | |
| | | | | | | | | | | | | |
| | | | | | | | | | | | | |
| | | | | | | | | | | | | |
| | | | | | | | | | | | | |

c)

| Z | E | | T | H | Z | E | | ZT | T | H | Z | E |
|---|---|---|---|---|---|---|---|---|---|---|---|---|
| | 7 | · | 9 | 3 | 8 | 2 | = | | | | | |
| | | | | | | | | | | | | |
| | | | | | | | | | | | | |
| | | | | | | | | | | | | |
| | | | | | | | | | | | | |
| | | | | | | | | | | | | |

d)

| Z | E | | T | H | Z | E | | ZT | T | H | Z | E |
|---|---|---|---|---|---|---|---|---|---|---|---|---|
| 3 | 0 | · | | | 9 | 3 | = | | | | | |
| | | | | | | | | | | | | |
| | | | | | | | | | | | | |
| | | | | | | | | | | | | |
| | | | | | | | | | | | | |
| | | | | | | | | | | | | |

e)

| Z | E | | T | H | Z | E | | ZT | T | H | Z | E |
|---|---|---|---|---|---|---|---|---|---|---|---|---|
| 5 | 0 | · | | 2 | 8 | 3 | = | | | | | |
| | | | | | | | | | | | | |
| | | | | | | | | | | | | |
| | | | | | | | | | | | | |
| | | | | | | | | | | | | |
| | | | | | | | | | | | | |

**2** Wie heißen die Zahlen in den grünen Kästchen? Trage diese ein.

| Z | E | | H | Z | E | | T | H | Z | E |
|---|---|---|---|---|---|---|---|---|---|---|
| | 9 | · | | 1 | 7 | = | | | | |
| | | · | | 0 | 0 | = | 7 | 2 | 0 | 0 |
| | | · | | 1 | 0 | = | | | 9 | 0 |
| | | · | | | 7 | = | | | 6 | 3 |
| | 9 | · | | 1 | 7 | = | 7 | | 5 | 3 |

| Z | E | | H | Z | E | | T | H | Z | E |
|---|---|---|---|---|---|---|---|---|---|---|
| 3 | 0 | · | 3 | 1 | | = | | | | |
| 3 | 0 | · | 3 | 0 | 0 | = | 9 | 0 | 0 | 0 |
| 3 | 0 | · | | 1 | 0 | = | | 3 | 0 | 0 |
| 3 | 0 | · | | | | = | | 2 | 7 | 0 |
| 3 | 0 | · | 3 | 1 | | = | | | | |

**1** Rechne die Aufgaben schriftlich.

a)

| H | Z | E | | |
|---|---|---|---|---|
| 3 | 4 | 1 | · | 2 |
| | 6 | 8 | 2 | |

| H | Z | E | | |
|---|---|---|---|---|
| 3 | 1 | 2 | · | 3 |

| H | Z | E | | |
|---|---|---|---|---|
| 2 | 0 | 4 | · | 2 |

| H | Z | E | | |
|---|---|---|---|---|
| 1 | 1 | 3 | · | 3 |

| H | Z | E | | |
|---|---|---|---|---|
| 2 | 0 | 1 | · | 2 |

b)

3123 · 3 (T H Z E)

4201 · 2 (T H Z E)

3303 · 3 (T H Z E)

2102 · 4 (T H Z E)

c)

2721 · 3 (T H Z E)

4237 · 2 (T H Z E)

1572 · 6 (T H Z E)

854 · 9 (T H Z E)

d)

| T | H | Z | E | | |
|---|---|---|---|---|---|
| 2 | 6 | 3 | 4 | · | 4 |
| 1 | 0 | 5 | 3 | 6 | |

263 · 6 (T H Z E)

283 · 7 (T H Z E)

837 · 3 (T H Z E)

e)

2637 · 4 (T H Z E)

3048 · 6 (T H Z E)

7008 · 8 (T H Z E)

7309 · 5 (T H Z E)

f)

3829 · 6 (T H Z E)

5219 · 7 (T H Z E)

6322 · 8 (T H Z E)

3197 · 3 (T H Z E)

**2** Setze die fehlenden Zahlen ein.

T H Z E
38_ · 2
_64

T H Z E
325 · 4
_30_

T H Z E
284_ · 2
5_98

T H Z E
837 · 7
_8_9

T H Z E
_93 · 9
80_7

T H Z E
4_6 · 7
__42

T H Z E
893 · 4
3__2

T H Z E
_97 · 4
15_8

# Schriftliches Multiplizieren 2

Zahlen und Operationen

**1** Rechne die Aufgaben schriftlich.

| T | H | Z | E | | | |
|---|---|---|---|---|---|---|
| | 6 | 5 | 1 | · | 2 | 7 |
| | | 1 | 3 | 0 | 2 | 0 |
| | | | 4 | 5 | 5 | 7 |
| | | 1 | 7 | 5 | 7 | 7 |

T H Z E 738 · 38

T H Z E 493 · 84

T H Z E 3941 · 47

T H Z E 4026 · 51

T H Z E 849 · 392

T H Z E 3948 · 206

T H Z E 4081 · 169

**2** Trage die fehlenden Zahlen ein.

a)

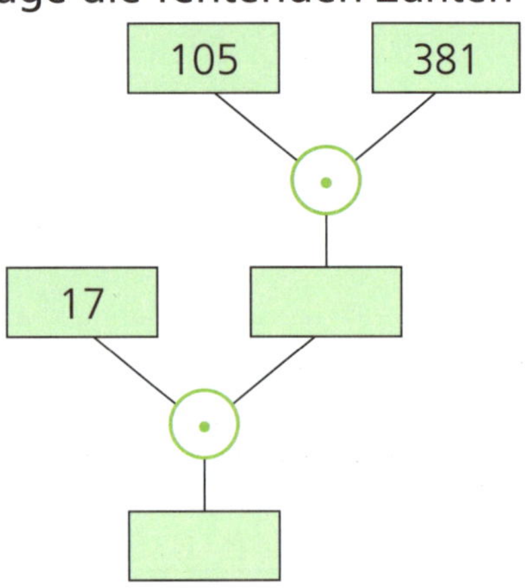


b)

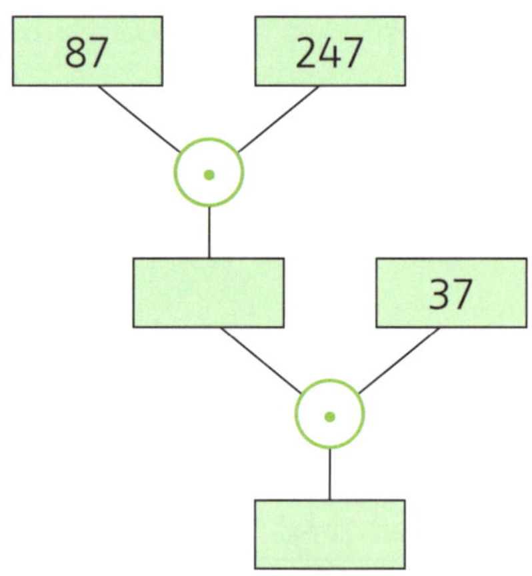

**3** Multipliziere den Nachfolger der Zahl 505 mit ihrem Vorgänger.

______________________________

**4** Du hast folgende Ziffernkarten: 2 5 7 8 9
Bilde mit diesen Karten eine zweistellige und eine dreistellige Zahl, so dass das Produkt der beiden Zahlen möglichst klein ist.

Aufgabe: ________ · ________ = ________

**5** Luca hat gerechnet:
Was hat Luca falsch gemacht?
Erkläre die Fehler.

| | | | | | |
|---|---|---|---|---|---|
| 5 | 7 | 3 | · | 4 | 3 |
| | 2 | 0 | 8 | 2 | |
| | | 1 | 5 | 1 | 9 |
| | 2 | 1 | 5 | 1 | 9 |

1. ______________________________

2. ______________________________

**1** Rechne die Aufgaben schriftlich

a)
7,50 · 4
30,00

8,50 · 6

0,15 · 8

8,99 · 6

b)
28,57 · 3

89,79 · 7

123,75 · 5

c)
637,48 · 8

384,55 · 4

452,31 · 5

d)
17,56 · 46
7024
10536

8,99 · 15

5,75 · 21

19,90 · 25

e)
0,75 · 42

83,38 · 74

119,59 · 47

f)
459,84 · 48

877,77 · 88

482,29 · 45

**2** Setze die fehlenden Zahlen ein.

a)
38,84 · 7
□□1,8□

b)
□94,□9 · 2
7□8,98

c)
39,□9 · 18
3□39
31□1□
7□9,□2

d)
84,44 · 74
5□1□8
3□7□6
6□4□,56

e)
394,□7 · 28
□8894
315□7□
11□□5,16

f)
72,□8 · 23
□4536
□1□04
16□1,□4

# Halbschriftliches Dividieren

## Zahlen und Operationen

**1** Rechne halbschriftlich.

a)

| ZT | T | H | Z | E | | Z | E | | ZT | T | H | Z | E |
|---|---|---|---|---|---|---|---|---|---|---|---|---|---|
| | | 9 | 4 | 2 | : | | 6 | = | | | | | |
| | | 6 | 0 | 0 | : | | 6 | = | | | 1 | 0 | 0 |
| | | 3 | 0 | 0 | : | | 6 | = | | | | 5 | 0 |
| | | | 3 | 0 | : | | 6 | = | | | | | 5 |
| | | | 1 | 2 | : | | 6 | = | | | | | 2 |
| | | 9 | 4 | 2 | : | | 6 | = | | | 1 | 5 | 7 |

b)

| ZT | T | H | Z | E | | Z | E | | ZT | T | H | Z | E |
|---|---|---|---|---|---|---|---|---|---|---|---|---|---|
| | | 7 | 7 | 4 | : | | 3 | = | | | | | |
| | | | | | : | | | = | | | | | |
| | | | | | : | | | = | | | | | |
| | | | | | : | | | = | | | | | |
| | | | | | : | | | = | | | | | |
| | | | | | : | | | = | | | | | |

c)

| ZT | T | H | Z | E | | Z | E | | ZT | T | H | Z | E |
|---|---|---|---|---|---|---|---|---|---|---|---|---|---|
| | | 8 | 7 | 6 | : | | 6 | = | | | | | |
| | | | | | : | | | = | | | | | |
| | | | | | : | | | = | | | | | |
| | | | | | : | | | = | | | | | |
| | | | | | : | | | = | | | | | |
| | | | | | : | | | = | | | | | |

d)

| ZT | T | H | Z | E | | Z | E | | ZT | T | H | Z | E |
|---|---|---|---|---|---|---|---|---|---|---|---|---|---|
| | 3 | 6 | 9 | 6 | : | | 8 | = | | | | | |
| | | | | | : | | | = | | | | | |
| | | | | | : | | | = | | | | | |
| | | | | | : | | | = | | | | | |
| | | | | | : | | | = | | | | | |
| | | | | | : | | | = | | | | | |

e)

| ZT | T | H | Z | E | | Z | E | | ZT | T | H | Z | E |
|---|---|---|---|---|---|---|---|---|---|---|---|---|---|
| | 7 | 4 | 0 | 6 | : | | 7 | = | | | | | |
| | | | | | : | | | = | | | | | |
| | | | | | : | | | = | | | | | |
| | | | | | : | | | = | | | | | |
| | | | | | : | | | = | | | | | |
| | | | | | : | | | = | | | | | |

f)

| ZT | T | H | Z | E | | Z | E | | ZT | T | H | Z | E |
|---|---|---|---|---|---|---|---|---|---|---|---|---|---|
| | 1 | 9 | 8 | 8 | : | | 4 | = | | | | | |
| | | | | | : | | | = | | | | | |
| | | | | | : | | | = | | | | | |
| | | | | | : | | | = | | | | | |
| | | | | | : | | | = | | | | | |
| | | | | | : | | | = | | | | | |

g)

| ZT | T | H | Z | E | | Z | E | | ZT | T | H | Z | E |
|---|---|---|---|---|---|---|---|---|---|---|---|---|---|
| | 6 | 7 | 3 | 6 | : | | 8 | = | | | | | |
| | | | | | : | | | = | | | | | |
| | | | | | : | | | = | | | | | |
| | | | | | : | | | = | | | | | |
| | | | | | : | | | = | | | | | |
| | | | | | : | | | = | | | | | |

h)

| ZT | T | H | Z | E | | Z | E | | ZT | T | H | Z | E |
|---|---|---|---|---|---|---|---|---|---|---|---|---|---|
| 1 | 8 | 0 | 8 | 8 | : | | 7 | = | | | | | |
| | | | | | : | | | = | | | | | |
| | | | | | : | | | = | | | | | |
| | | | | | : | | | = | | | | | |
| | | | | | : | | | = | | | | | |
| | | | | | : | | | = | | | | | |

**2** Sven hat gerechnet:
Streiche die Fehler an.

| | | | | | | | | | | |
|---|---|---|---|---|---|---|---|---|---|---|
| 9 | 1 | 8 | 0 | : | | 3 | = | | | |
| 9 | 0 | 0 | 0 | : | | 3 | = | 3 | 0 | 0 |
| | 1 | 8 | 0 | : | | 3 | = | | 6 | 0 |
| 9 | 1 | 8 | 0 | : | | 3 | = | 3 | 6 | 0 |

**3** Erkläre was Sven in Aufgabe 2 falsch gemacht hat.

______________________________________________

______________________________________________

**1** Rechne schriftlich.

a)
```
ZT T H Z E
 2 2 5 2 4 : 4 = 5 6 3 1
 2 0
   2 5
   2 4
     1 2
     1 2
       0 4
         4
         0
```

b)
```
ZT T H Z E
   7 7 4 5 : 5 =
```

c)
```
ZT T H Z E
 1 2 3 6 9 : 3 =
```

d)
```
ZT T H Z E
 4 6 0 8 8 : 7 =
```

e)
```
ZT T H Z E
 2 4 2 2 0 : 4 =
```

f)
```
ZT T H Z E
 6 0 3 7 2 : 9 =
```

**2** Wie heißen die Zahlen in den grauen Feldern? Ergänze.

a)
```
 2 0 9 3 0 : ▢ = ▢ 1 8 6
 2 0
   0 9
   ▢ ▢
     4 ▢
     4 0
       ▢ 0
       3 0
         0
```

b)
```
 ▢ 8 8 4 ▢ : 7 = 8 ▢ ▢ 6
 ▢ 6
   2 8
   2 8
     0 4 2
       4 ▢
         0
```

# Schriftliches Dividieren 2



**1** Trage die fehlenden Zahlen ein.

a) 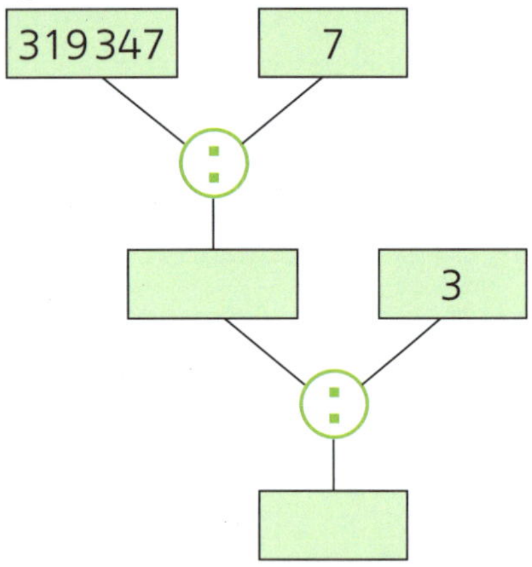


b) 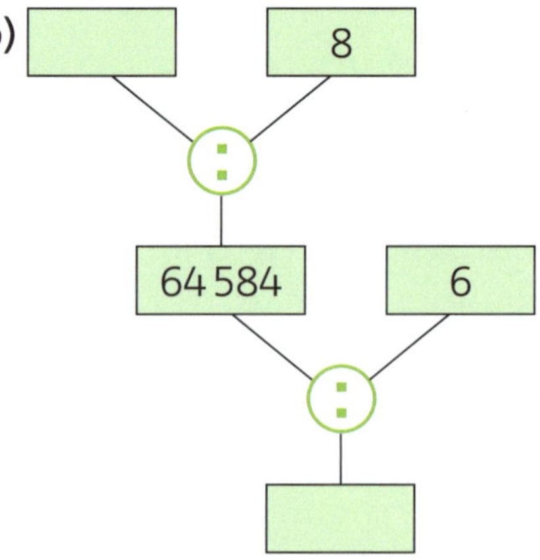


**2** Teile von unten nach oben immer durch die gleiche Zahl. Schreibe das Ergebnis immer eine Zeile höher.

a) 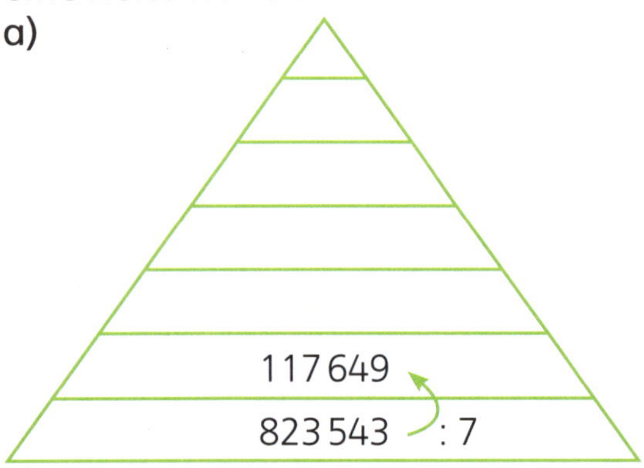


b) 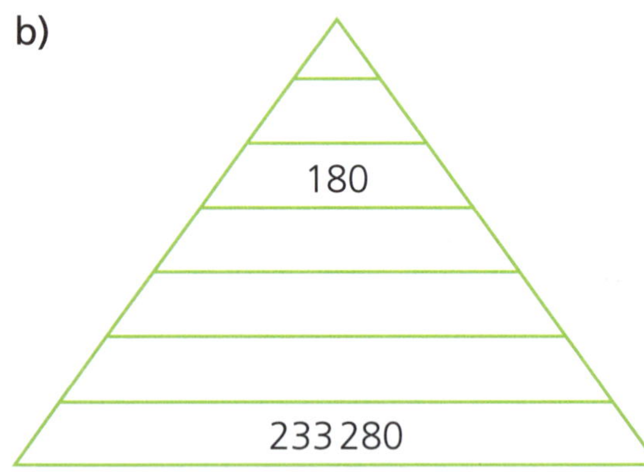


**3** **Svenja hat gerechnet:**
Erkläre, was Svenja falsch gemacht hat und rechne richtig.

| | | | | | | | | | | | | | | |
|---|---|---|---|---|---|---|---|---|---|---|---|---|---|---|
| 1 | 8 | 2 | 0 | 4 | 9 | : | 7 | = | 2 | 6 | 0 | 7 | | |
| 1 | 4 | | | | | | | | | | | | | |
| | 4 | 2 | | | | | | | | | | | | |
| | 4 | 2 | | | | | | | | | | | | |
| | | 0 | 0 | 4 | 9 | | | | | | | | | |
| | | | | 4 | 9 | | | | | | | | | |
| | | | | | 0 | | | | | | | | | |

**1** Rechne schriftlich. (Du weißt: „R“ steht für Rest.)

| ZT | T | H | Z | E | | | | |
|---|---|---|---|---|---|---|---|---|
| 8 | 4 | 2 | 6 | 7 | : | 4 | = | 21066 R 3 |
| 8 | | | | | | | | |
| 0 | 4 | | | | | | | |
| | 4 | | | | | | | |
| | 0 | 2 | 6 | | | | | |
| | | 2 | 4 | | | | | |
| | | | 2 | 7 | | | | |
| | | | 2 | 4 | | | | |
| | | | | 3 | | | | |

| ZT | T | H | Z | E | | | |
|---|---|---|---|---|---|---|---|
| | 3 | 7 | 1 | 1 | : | 5 | = |

| ZT | T | H | Z | E | | | |
|---|---|---|---|---|---|---|---|
| | 2 | 8 | 3 | 9 | : | 2 | = |

| ZT | T | H | Z | E | | | |
|---|---|---|---|---|---|---|---|
| | 2 | 9 | 3 | 4 | : | 7 | = |

| ZT | T | H | Z | E | | | |
|---|---|---|---|---|---|---|---|
| | 8 | 3 | 7 | 2 | : | 8 | = |

| ZT | T | H | Z | E | | | |
|---|---|---|---|---|---|---|---|
| | 7 | 3 | 0 | 3 | : | 4 | = |

**2** Du hast die folgenden Ziffern: 1 3 5 6

a) Bilde aus diesen Karten eine Divisionsaufgabe mit dem Ergebnis 52. Es dürfen keine Ziffernkarten übrig bleiben.

Die Aufgabe lautet: ________ : ________

b) Bilde aus den Karten eine Divisionsaufgabe mit Rest 3. Es dürfen keine Ziffernkarten übrig bleiben.

Die Aufgabe lautet: ________ : ________

# Überschlag und Probe 1

Zahlen und Operationen

**1** Rechne schriftlich und kontrolliere dein Ergebnis durch die Probe. Überschlage zuerst.

a) Ü: 600 · 5 = 3000

637 · 5
3185

Ü: 3000 : 5 = 600

3185 : 5 = 637
30
18
15
35
35
0

b) Ü: · =

738 · 7

Ü: : =

c) Ü: · =

492 · 2

Ü: : =
: =

d) Ü: · =

848 · 8

Ü: : =
: =

**2** Streiche falsch gerechnete Aufgaben durch. Löse durch Überschlagen.

4032 · 5
17160

5215 · 5
26075

8832 : 6 = 2472

24964 : 4 = 6241

32090 : 5 = 6418

5004 · 12
50048

**3** Setze >, < oder = ein. Löse nicht durch Rechnen, sondern überschlage.

| | | | | | | | | | | |
|---|---|---|---|---|---|---|---|---|---|---|
| a) | 3500 : 70 | ◯ | 600 | b) | 3894 : 9 | ◯ | 500 | c) | 6832 : 4 | ◯ | 2400 |
| | 7880 : 20 | ◯ | 30 | | 8394 : 9 | ◯ | 600 | | 3819 : 40 | ◯ | 200 |
| | 3535 : 5 | ◯ | 700 | | 7183 : 3 | ◯ | 2500 | | 8172 : 6 | ◯ | 1200 |

1 Finde durch Überschlagen heraus, welche Ergebnisse nicht richtig sein können. Streiche diese rot durch.

| | |
|---|---|
| 28 915 | 136 473 |
| 42 108 | 570 000 |
| 103 511 | 798 849 |
| 795 302 | 107 058 |

\+

902 360

| | |
|---|---|
| 551 512 | 153 708 |
| 215 689 | 489 531 |
| 145 012 | 945 252 |
| 38 415 | 666 805 |

\+

705 220

| | |
|---|---|
| 77 513 | 12 396 |
| 82 799 | 7 682 |
| 312 312 | 237 195 |
| 708 943 | 663 826 |

−

75 117

2 Finde durch Überschlagen heraus, wie oft du die Zahl 9 mit sich selbst multiplizieren musst, um möglichst nahe an die Zahl 60 000 zu kommen.

______________________________

3 Wie oft musst du die Zahl 28 672 durch die Zahl 2 dividieren, um möglichst nahe an die Zahl 14 zu kommen? Finde die Lösung durch Überschlagen. (Tipp: Überschlage auch die Zwischenergebnisse.)

______________________________

4 Finde jeweils zwei Multiplikations- und Divisionsaufgaben, deren Ergebnissse:

a) zwischen 4 000 und 5 000 liegen:

1. Aufgabe Multiplikation: 40 · 123 = 4 920
2. Aufgabe Multiplikation: ______ · ______ = ______
1. Aufgabe Division: ______ : ______ = ______
2. Aufgabe Division: ______ : ______ = ______

b) zwischen 36 000 und 39 000 liegen:

1. Aufgabe Multiplikation: ______ · ______ = ______
2. Aufgabe Multiplikation: ______ · ______ = ______
1. Aufgabe Division: ______ : ______ = ______
2. Aufgabe Division: ______ : ______ = ______

c) zwischen 117 000 und 121 000 liegen:

1. Aufgabe Multiplikation: ______ · ______ = ______
2. Aufgabe Multiplikation: ______ · ______ = ______
1. Aufgabe Division: ______ : ______ = ______
2. Aufgabe Division: ______ : ______ = ______

# Verschiedene Übungen

## Zahlen und Operationen

**1** Verbinde immer Aufgaben mit dem gleichen Ergebnis.

2101 · 4    1113 · 3    102 · 4    1101 · 9

4202 · 2    3303 · 3    371 · 9    204 · 2

**2** Rechne die Aufgaben schriftlich oder mündlich.
Kreuze mündlich gerechnete Aufgaben an.

a) 222 · 30 = ______    b) 104 · 5 = ______
c) 27 · 35 = ______    d) 45 · 19 = ______
e) 408 · 40 = ______    f) 83 · 37 = ______
g) 293 · 27 = ______    h) 34 · 99 = ______

**3** Mit welcher Zahl musst du 37037 multiplizieren, damit du die Ergebnisse 777 777 und 888 888 erhältst?

a) 37 037 · ______ = 777 777    b) 37 037 · ______ = 888 888

**4** Berechne die Ergebnisse der folgenden Aufgaben mit Spiegelzahlen.

a) 13 · 62    31 · 26    b) 52 · 37    25 · 73

c) 43 · 68    34 · 86    d) 24 · 84    42 · 48

**5** Was fällt dir bei Aufgabe 4 auf?

______________________________

Welche Aufgabe passt nicht dazu? ______

**1** Das menschliche Herz schlägt in der Minute etwa 66 Mal. Wie oft schlägt das Herz …

a) in einer Stunde? ______ mal

b) an einem Tag? ______ mal

c) in einer Woche? ______ mal

**2** Die Gudrun-Pausewang-Schule hat im letzten Schuljahr 54 720 Blatt Papier zum Kopieren verbraucht.

a) Wie hoch ist für ein Schuljahr mit 40 Wochen der Verbrauch pro Woche?

______

b) An der Schule gibt es 8 Klassen. Wie hoch ist der Verbrauch pro Woche und pro Klasse?

______

**3** Sarah hat mit ihren drei Brüdern zusammen am Strand 572 Muscheln gefunden. Sie möchten diese gerecht untereinander aufteilen.

Frage: ______

Rechnung: ______

Antwort: ______

**4** Wie heißen die gesuchten Zahlen?

a) Wenn du die gesuchte Zahl durch 4 teilst und dann mit 7 multiplizierst, erhältst du die Zahl 361 368. Die Zahl heißt: ______

______

b) Das Siebenfache der gesuchten Zahl ist das Doppelte von 191 464.

Die Zahl heißt: ______

**5** Ein Mäusepaar kann bis zu 16 Babys bekommen. Wie viele Mäuse kann es in der 2. Generation geben, wenn man davon ausgeht, dass
- keine Maus stirbt.
- immer die Hälfte eines Wurfs Mädchen sind.

Rechnung: ______

Antwort: ______

**6** Auf einer Großbaustelle arbeiten 146 Arbeiter. Sie brauchen zum Fertigstellen des Parkhauses 24 Tage. Wie lange bräuchten 73 Arbeiter?

Antwort: ______

# Rechengesetze



**1** Berechne mit einem Zwischenschritt. Achte dabei auf die Rechenzeichen.

a) 14233 + 70 · 12 = 14 233 + 840 = 15 073

b) 28423 + 781 · 36 = ______

c) 124856 : 8 · 7 = ______

d) 451241 – 145235 + 644125 ______

e) 1077 ·23 + 78 · 238 = ______

f) 13205 : 5 + 42516 : 6 = ______

**2** Setze die Klammern an die richtige Stelle.

a) (384 + 364) · 2 = 1496

b) 8394 – 3928 · 2 = 8932

c) 3624 : 4 – 2 = 1812

d) 6374 · 12 – 1 = 70114

e) 3625 – 2738 · 982 + 18 = 887000

f) 32508 : 8 – 2 · 12 = 65016

**3** Setze die Rechenzeichen richtig ein.

a) 17906 + 23 · 157 = 21517

b) 140616 ◯ 8 ◯ 15624 = 1953

c) 26514 ◯ 53615 ◯ 54219 = 25910

d) 231 ◯ 231 ◯ 231 = 53130

e) 20292 ◯ 4 ◯ 27051 ◯ 3 = 14090

f) 709 ◯ 47 ◯ 1306 ◯ 15 = 13733

**4** Du hast folgende Karten: 3 9 12 + – : · ( ) =

Alle drei Ziffernkarten müssen immer verwendet werden. Suche eine Aufgabe …

a) mit einem möglichst großen Ergebnis. Aufgabe: ______

b) mit einem möglichst kleinen Ergebnis. Aufgabe: ______

**5** Für welche Rechenarten gilt das Vertauschungsgesetz?
Kreuze an und begründe deine Antwort durch ein Beispiel.

a) Addition: ☒ ja ☐ nein Beispiel: 15 + 7 = 7 + 15

b) Subtraktion: ☐ ja ☐ nein Beispiel: ______

c) Multiplikation: ☐ ja ☐ nein Beispiel: ______

d) Division: ☐ ja ☐ nein Beispiel: ______

**6** Jonas hat gerechnet: (16400 – 2800) : 4 = 15700
Beschreibe welchen Fehler er gemacht hat.

______

______

**1** Ordne den Begriffen die richtigen Rechenzeichen zu.

addieren | zusammenzählen | teilen | abziehen

subtrahieren | dividieren | malnehmen | multiplizieren

· | + | – | :

**2** Ergänze die Rechenbefehle. In jeder Figur muss jede Rechenart mindestens einmal vorkommen.

a)

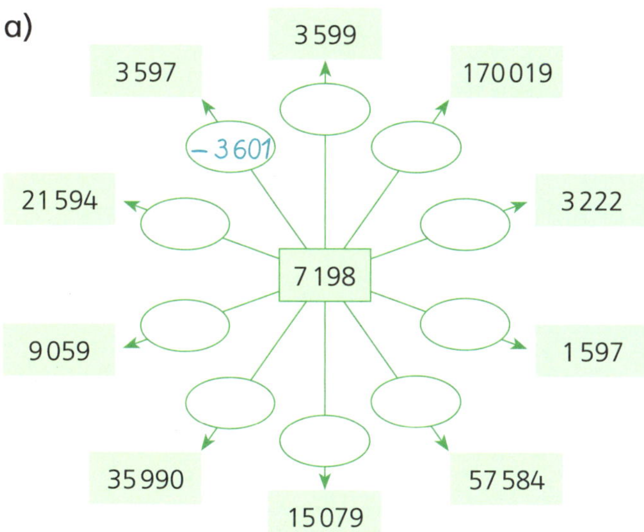


b)

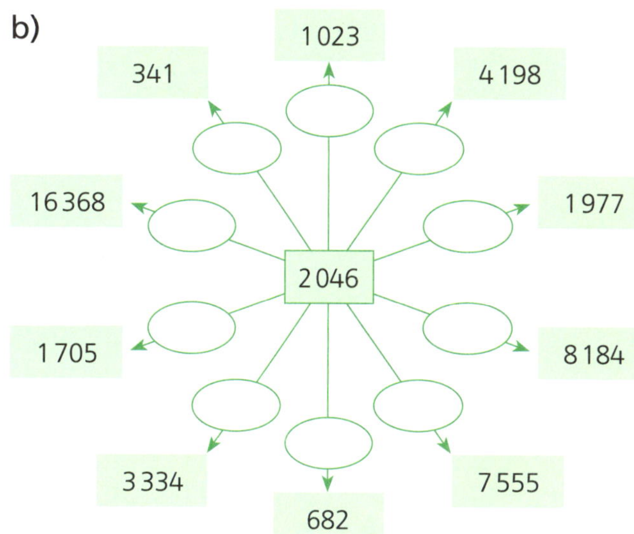


**3** Berechne die Aufgaben und fülle das Kreuzzahlrätsel richtig aus.

**waagerecht (→)**

1. 154 087 + ______ = 405 585
3. 560 414 – 207 814 = ______
4. 16 314 · 27 = ______
5. 23 · 4 183 = ______
8. 395 106 + ______ = 905 884
9. ______ – 48 209 = 28 868
10. 4 · ______ = 80 608
12. 302 159 – 177 705 = ______
14. 107 828 : 7 = ______

**senkrecht (↓)**

1. ______ : 6 = 43 259
2. 56 894 + 46 812 = ______
4. 327 635 : 7 = ______
6. 800 951 – ______ = 772 379
7. 56 · 5 127 = ______
11. 502 · 502 = ______

# Verschiedene Übungen

## Zahlen und Operationen

**1** Schreibe die Rechenbefehle in die Kreise.

a) 1 542 ⇄ 4 626

b) 1 542 ⇄ 4 524

c) 6 432 ⇄ 2 144

d) 6 432 ⇄ 2 035

**2** Setze die fehlende Zahl ein, so dass die Wippe im Geichgewicht ist.

**3** Fülle die leeren Felder in den Malrechenhäusern aus.

| | | | |
|---|---|---|---|
| | | | |
| | | | |
| 12 | | | |
| 6 | 2 | 8 | 9 |

| | | | |
|---|---|---|---|
| 28 908 792 | | | |
| 34 914 | | | |
| | 138 | | |
| | 23 | | |

**4** Finde weitere Aufgaben mit dem passenden Ergebnis und schreibe diese in die Zahlenhäuser.
Regel: Es müssen immer zwei Rechenoperationen verwendet werden: + oder – und · oder :

| 500 |
|---|
| 100 · 4 + 100 |
| (60 – 10) · 50 |
| 10 · 25 + 10 · 25 |
| |
| |

| 1 000 |
|---|
| |
| |
| |
| |
| |

| 2 500 |
|---|
| |
| |
| |
| |
| |

**1** Bei der letzten Mathematikarbeit gab es folgenden Notenspiegel:
Michaela meint, dass ihre Note „zwei" besser ist, als die Durchschnittsnote.

| Note | 1 | 2 | 3 | 4 | 5 | 6 |
|---|---|---|---|---|---|---|
| Anzahl | 5 | 5 | 10 | 5 | 2 | 2 |

Stimmt dies ? ☐ ja ☐ nein

Berechne den Durchschnitt: ____________________

____________________________________________

**2** Die Klasse 4b erhält pro Schuljahr 1 560 Stunden Unterricht. Davon wird in 234 Stunden das Fach „Deutsch" erteilt. Ein Schuljahr hat 39 Wochen.

a) Wie viele Stunden erhält die Klasse 4b durchschnittlich pro Woche? ________ Stunden

b) Wie viele Stunden Deutsch erhält sie wöchentlich? ________ Stunden

**3** Die Klasse 4b hat während einer Schulwoche immer um 12:00 Uhr die Temperatur im Schulhof abgelesen:

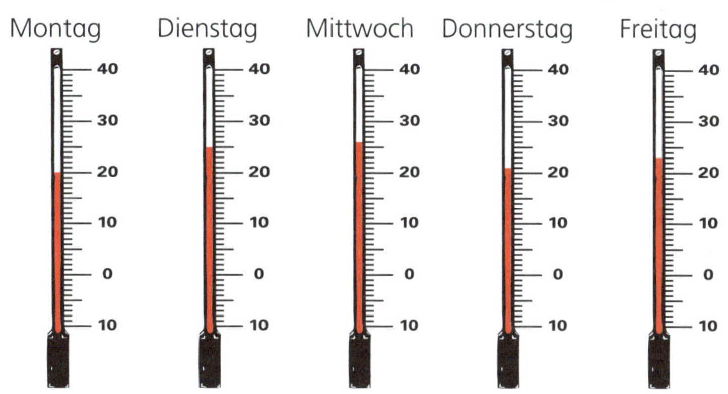


a) Schreibe die Temperatur auf.

Montag ________ °C

Dienstag ________ °C

Mittwoch ________ °C

Donnerstag ________ °C

Freitag ________ °C

b) Berechne die durchschnittliche Temperatur in dieser Woche.

Die Temperatur betrug durchschnittlich ________ °C

# Sachaufgaben

## Zahlen und Operationen

**1** Eine Schokoladenfabrik erzeugt monatlich 853 496 Schachteln Pralinen. Wie viele sind dies durchschnittlich pro Tag, wenn an 28 Tagen im Monat produziert wird?

Rechnung: ______________________________

Antwort: ______________________________

**2** Ute geht für ihre Geburtstagsparty noch einige Dinge einkaufen. Sie kauft vier Kisten Apfelschorle zu je 5,99 €, sieben Tüten Chips zu je 1,99 € und verschiedene Süßigkeiten für insgesamt 18,58 €. Sie zahlt mit einem 50 €-Schein und einem 20 €-Schein. Als Wechselgeld erhält sie 11,53 € zurück.

Frage: ______________________________

Rechnung: ______________________________

Antwort: ______________________________

**3** Justus möchte sich einen neuen Fernseher für 1 299 € kaufen. Der Verkäufer macht ihm das Angebot, entweder den Betrag bar oder in 6 Monatsraten mit je 235 € zu bezahlen. Wie viel Euro müsste Justus mehr bezahlen, wenn er den Fernseher in Raten bezahlt?

Rechnung: ______________________________

Antwort: ______________________________

**4** Wie heißen die gesuchten Zahlen?

a) Gesucht ist die Summe aus dem siebten Teil von 179 298 und dem achtfachen der Zahl 7 205. Die gesuchte Zahl heißt: ________

b) Addiere den vierten Teil der Zahl 205232 zur Differenz der Zahlen 738293 und 299381. Die gesuchte Zahl heißt: ________

c) Wenn man die gesuchte Zahl mit 17 multipliziert, dann von dem vierten Teil 3834 subtrahiert, erhält man als Ergebnis die Zahl 5074. Die gesucht Zahl heißt: ________

d) Dividiere die Summe der Zahlen 58408 und 335538 durch 7. Die gesuchte Zahl heißt: ________

**5** Finde zu folgender Rechnung eine Sachaufgabe und löse die Rechnung:
5 · (2 500 – 750)

Aufgabe: ______________________________

______________________________

Rechnung: ______________________________

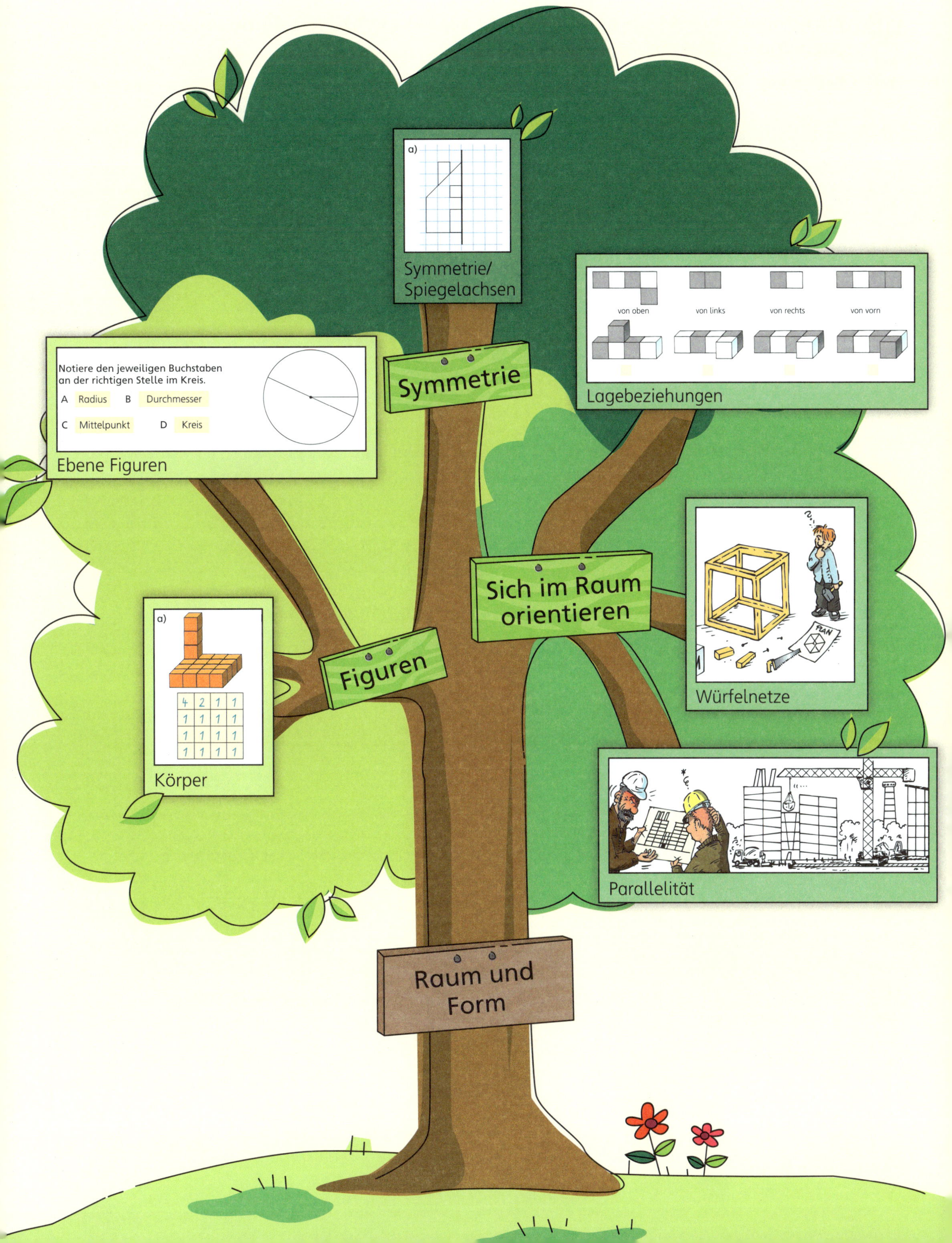
a)
Symmetrie/
Spiegelachsen
von oben
von links
von rechts
von vorn
Lagebeziehungen
Notiere den jeweiligen Buchstaben
an der richtigen Stelle im Kreis.
A Radius
B Durchmesser
C Mittelpunkt
D Kreis
Ebene Figuren
Symmetrie
Sich im Raum
orientieren
PLAN
Würfelnetze
a)
4 2 1 1
1 1 1 1
1 1 1 1
1 1 1 1
Körper
Figuren
Parallelität
Raum und
Form

# Lagebeziehungen 1

Raum und Form

**1** Prüfe, ob die beiden Geraden senkrecht zueinander stehen. Färbe senkrecht zueinander stehende Geraden grün.

a)
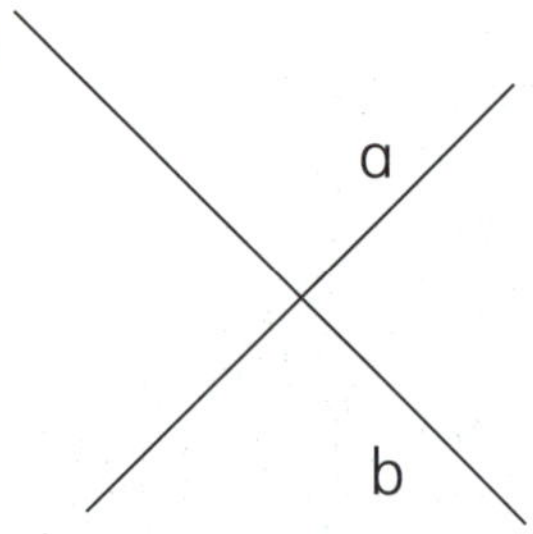


b)
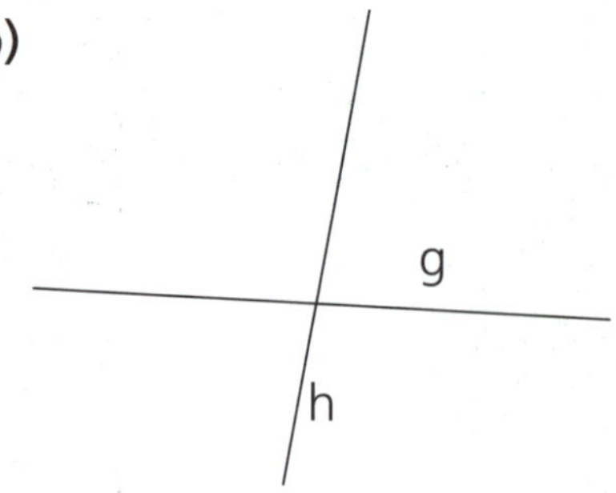


c)
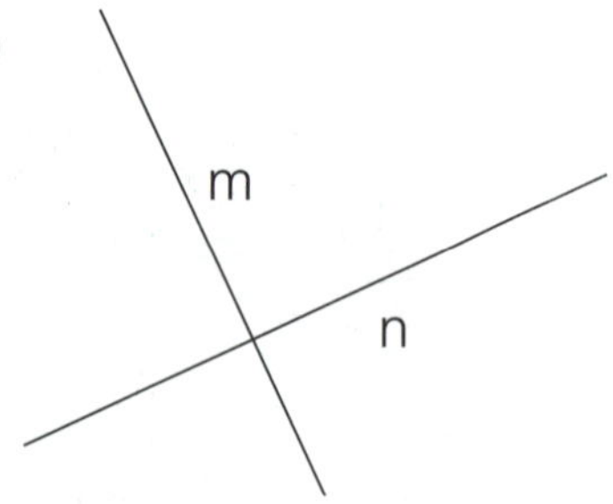


**2** Zeichne eine beliebige Senkrechte zur jeweiligen Geraden.

a)

b)

c)
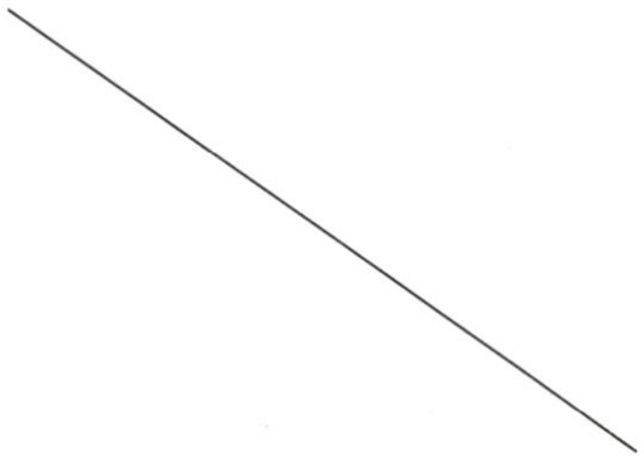

**3** Zeichne eine beliebige Parallele zur Geraden durch den Punkt.

a)
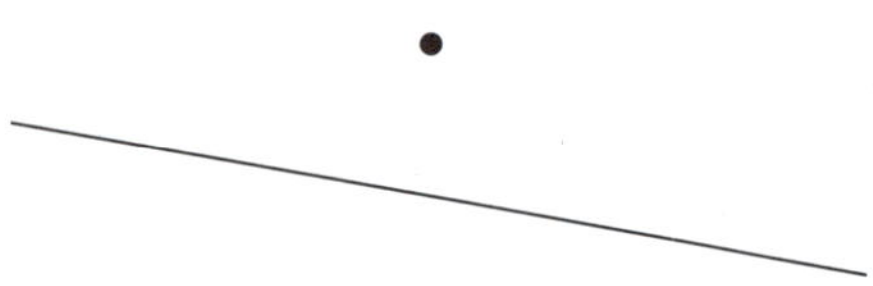

b)
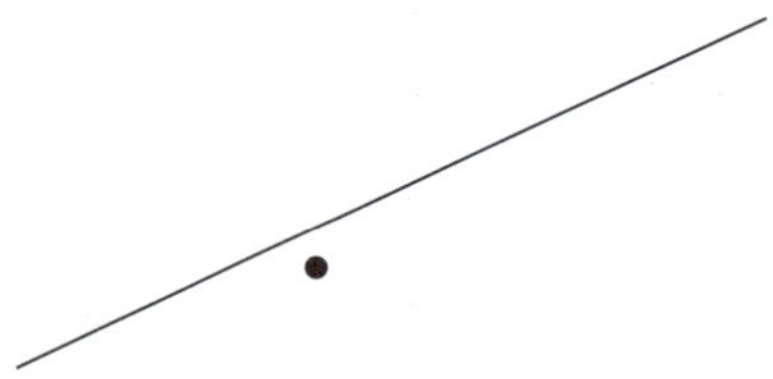

c)

**4** Male alle Geraden, die parallel zueinander verlaufen, mit der gleichen Farbe an.

a)
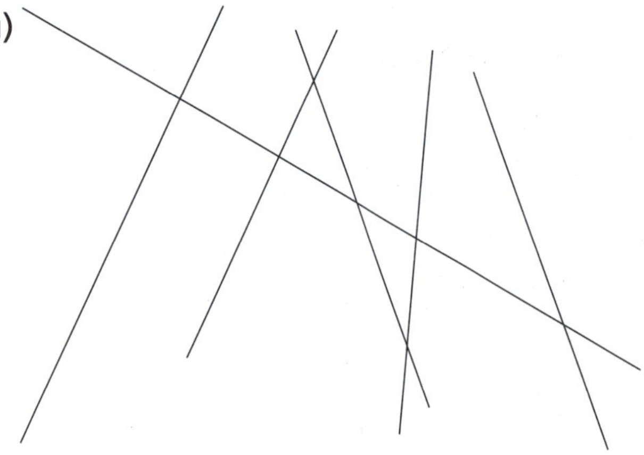

b)
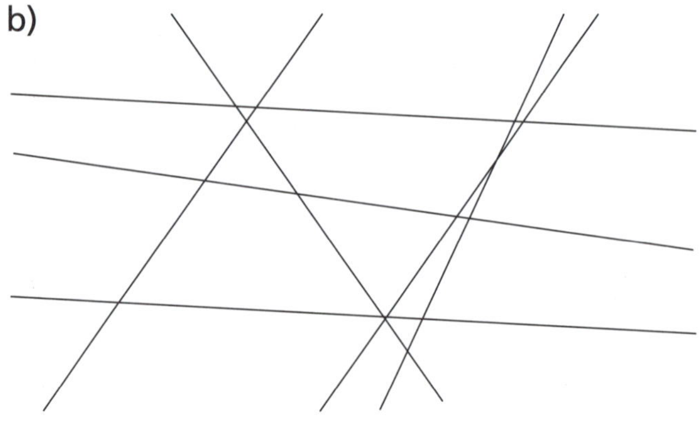

# Lagebeziehungen 2

**1** Suche Geraden, die parallel zueinander verlaufen. Zeichne sie grün nach.

**2** Sind die Geraden parallel zueinander? Überprüfe Deine Vermutung durch Messung.

______________________________

______________________________

______________________________

**3** Welche Beschreibung passt zur Zeichnung? Verbinde.

Ich habe zur Geraden a eine Senkrechte b gezeichnet.

Ich habe zur Geraden b eine Parallele x gezeichnet.

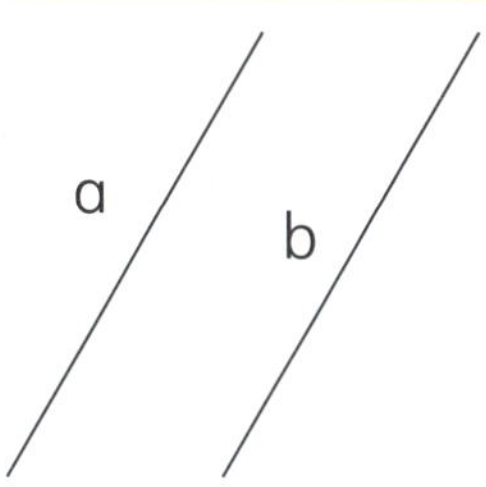


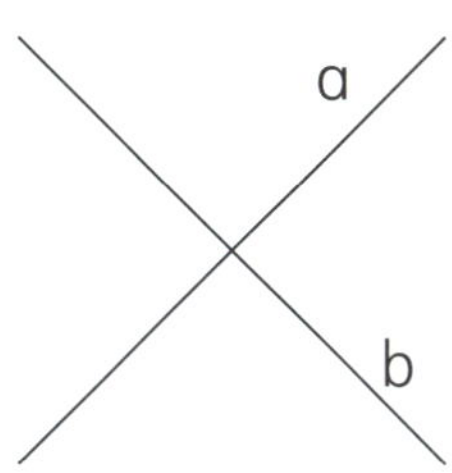


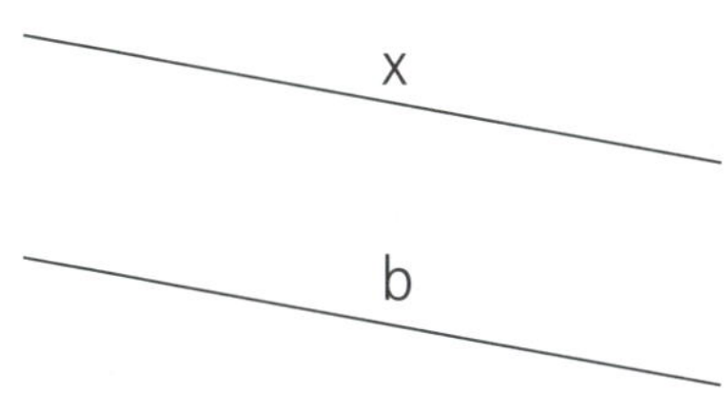


**4** **Überlege nur im Kopf ohne zu zeichnen.**

Du hast die rechts abgebildete Gerade h und den Punkt A

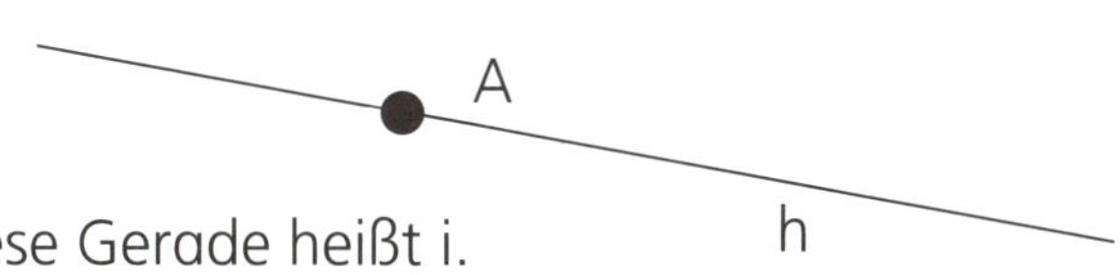


– Zeichne eine senkrechte Gerade zu h durch A. Diese Gerade heißt i.
– Zeichne eine senkrechte Gerade zu i durch einen beliebigen Punkt. Die Gerade heißt m.

Wie steht Gerade m zur Ausgangsgeraden h? ______________________________

# Symmetrie

## Raum und Form

**1** Spiegle die Figur an der Achse.

a)
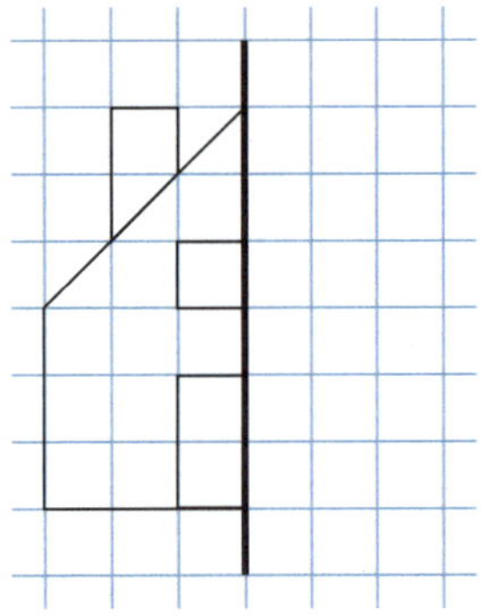

b)
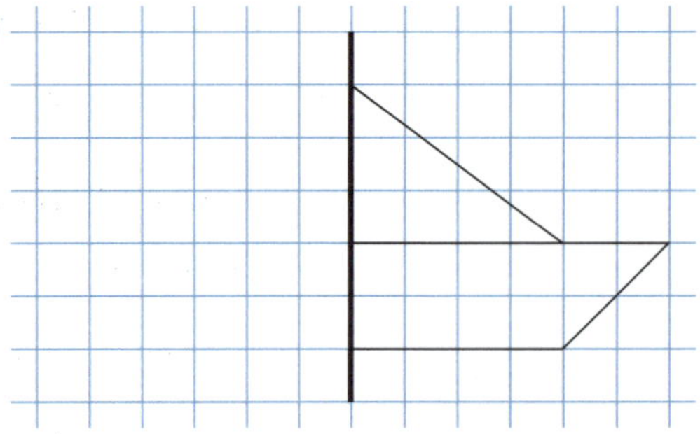

c)
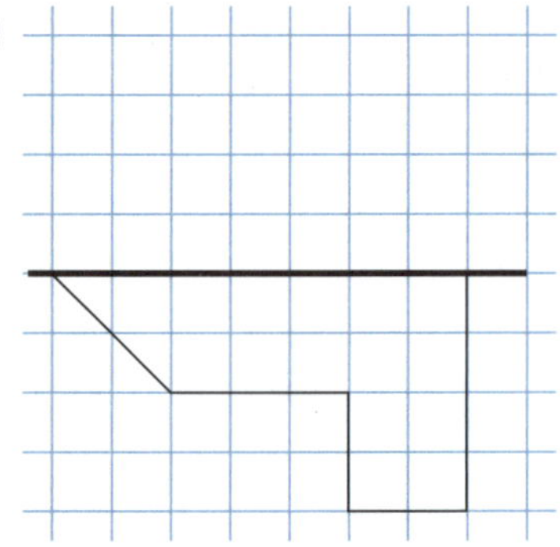

d)
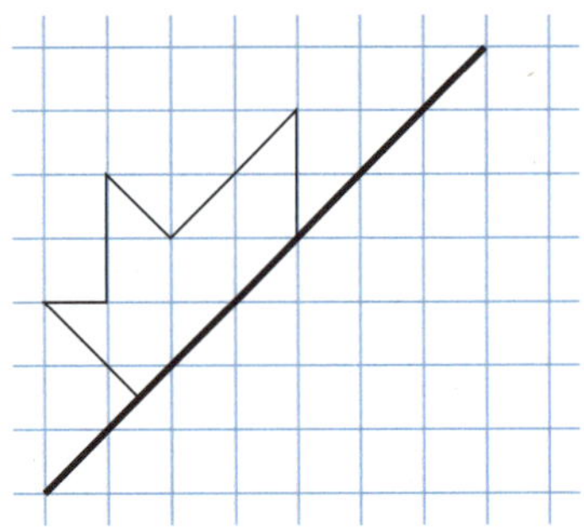

e)
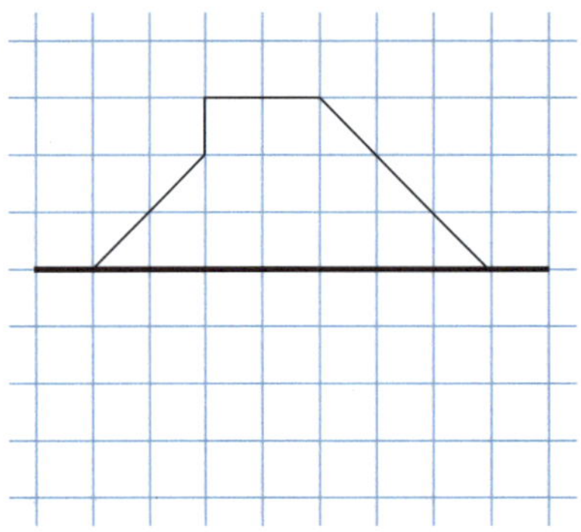

f)
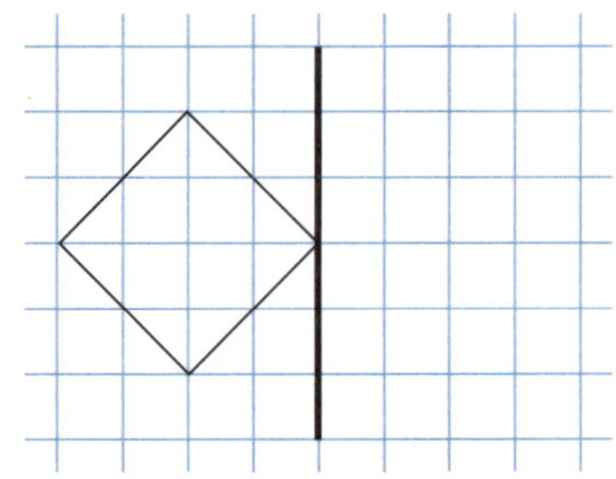

**2** Zeichne alle Symmetrieachsen ein.

a)
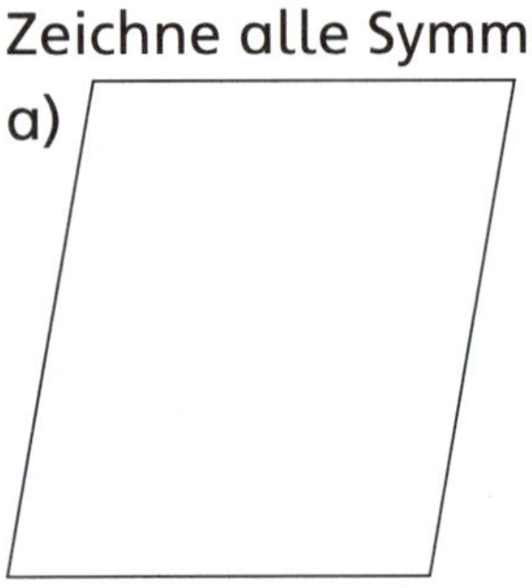

b)
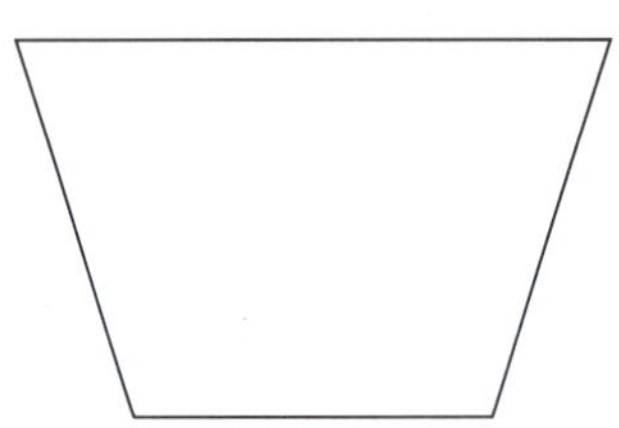

c)
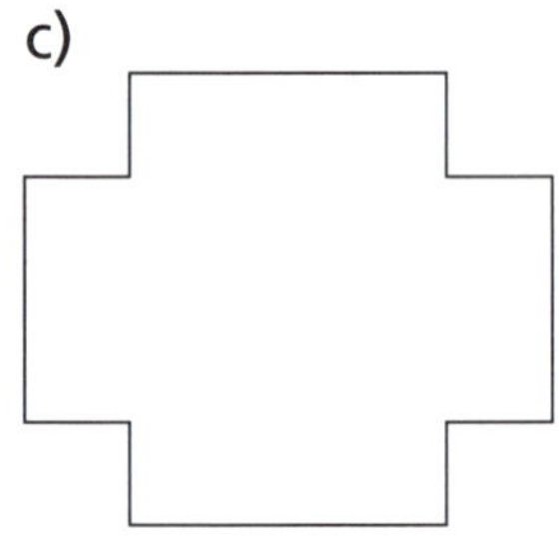

d)
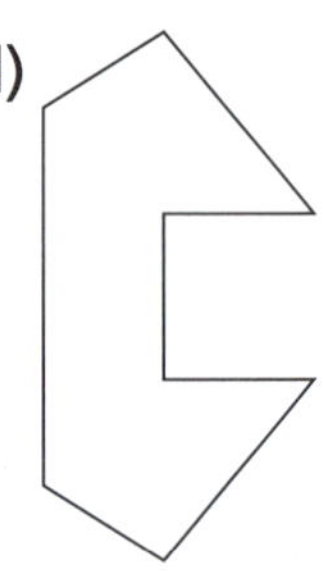

**3** Jonas schaut sich im Spiegel von verschiedenen Seiten an.

A

B
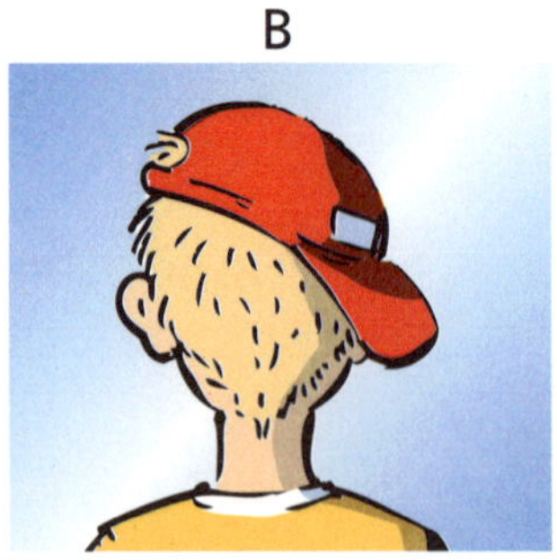

C
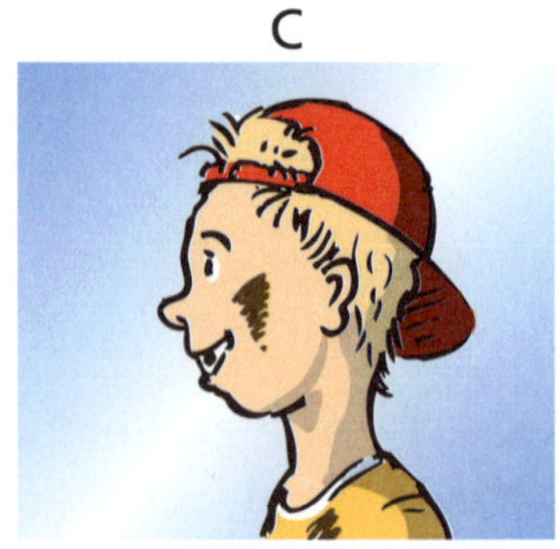

D

a) Welches Spiegelbild ist falsch?

- [ ] A
- [ ] B
- [ ] C
- [ ] D

b) Begründe Dein Ergebnis aus a). ______________________________

______________________________

**1** Zeichne die entsprechenden Figuren.

a) Quadrat: Seitenlänge = 3 cm

b) Rechteck: Länge = 3 cm; Breite = 4,5 cm

c) Kreis: Durchmesser = 4 cm

d) Kreis: Radius = 3 cm

**2** Markiere die Figuren, bei denen es sich um Rechtecke handelt.

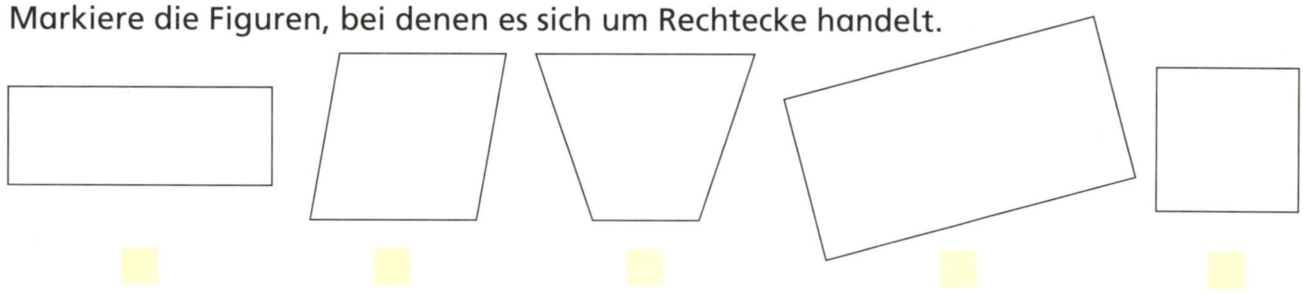

**3** Notiere den jeweiligen Buchstaben an der richtigen Stelle im Kreis.

A Radius B Durchmesser

C Mittelpunkt D Kreis

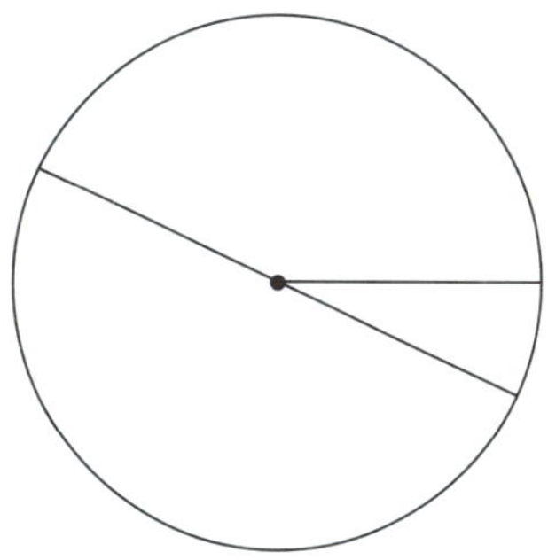

**4** Miss den Durchmesser der einzelnen Kreisradien und notiere unten.

a) b) c)

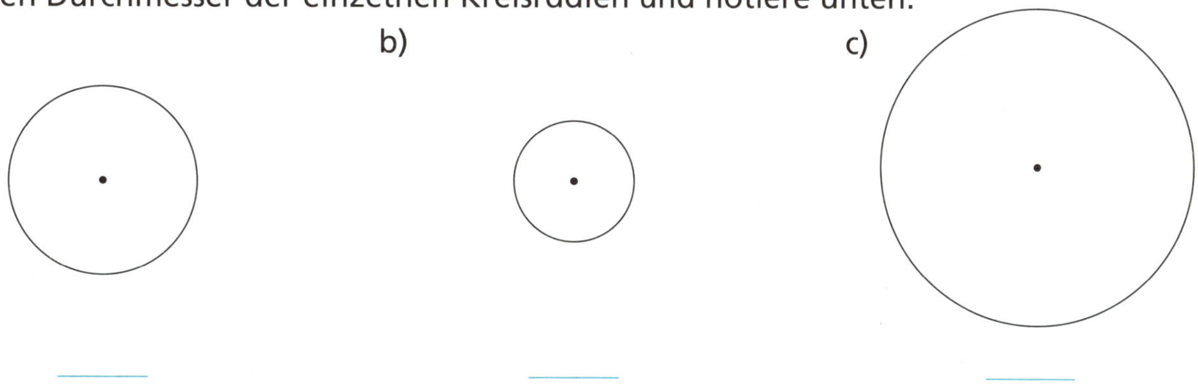

# Ebene Figuren 2

Raum und Form

**1** Zeichne die entsprechenden Kreise.

a) Radius = 4 cm

b) Durchmesser = 6 cm

**2** Die blaue Strecke ist die Symmetrieachse auf einem Geobrett. Zeichne symmetrische Dreiecke ein. Jedes Dreieck hat den blauen Punkt als Ecke.

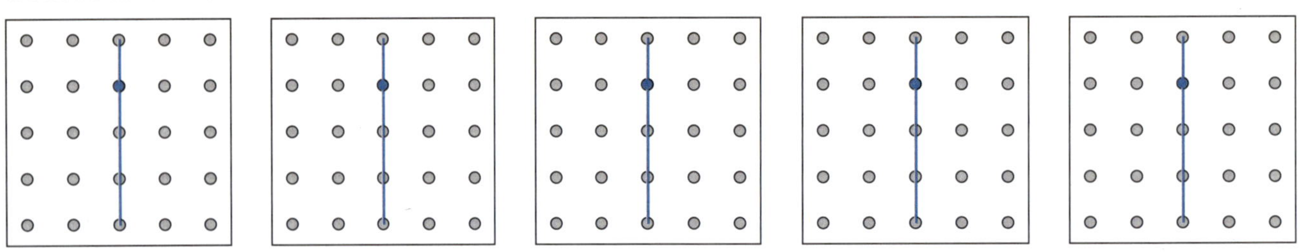

**3** Wie viele Dreiecke kannst Du insgesamt in der Figur erkennen?

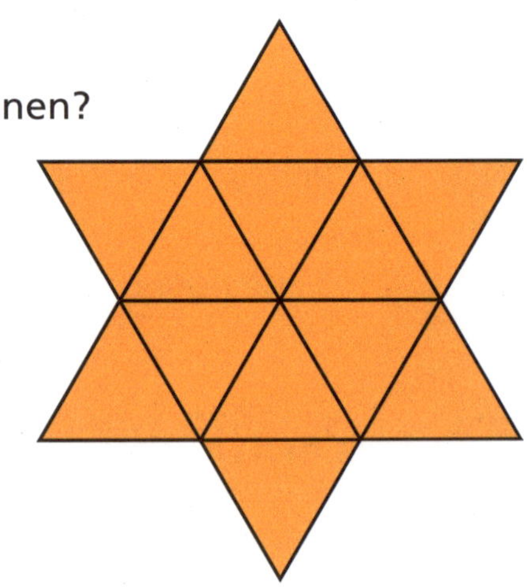

Anzahl der Dreiecke: ______________________

**3** Welches der abgebildeten Puzzleteile ergibt mit Teil Z ein Quadrat?

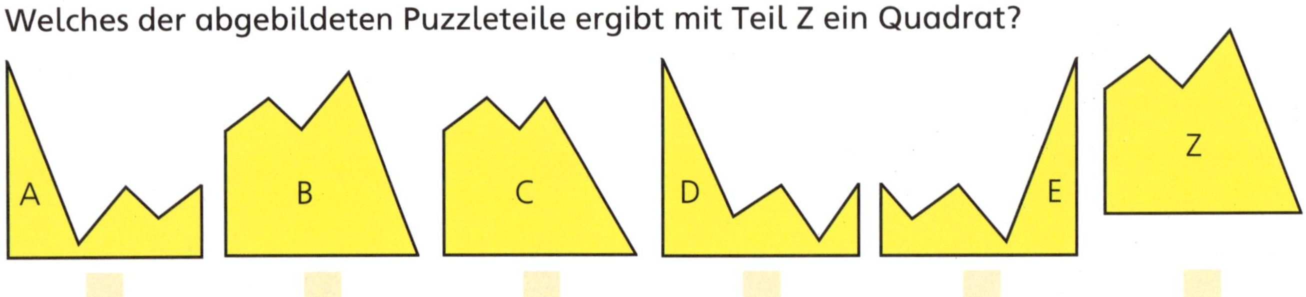

## 1 Erstelle den entsprechenden Bauplan.

a)

| | | | |
|---|---|---|---|
| 4 | 2 | 1 | 1 |
| 1 | 1 | 1 | 1 |
| 1 | 1 | 1 | 1 |
| 1 | 1 | 1 | 1 |

b)

| | | | |
|---|---|---|---|
| | | | |
| | | | |
| | | | |
| | | | |

c)

| | | | |
|---|---|---|---|
| | | | |
| | | | |
| | | | |
| | | | |

d)

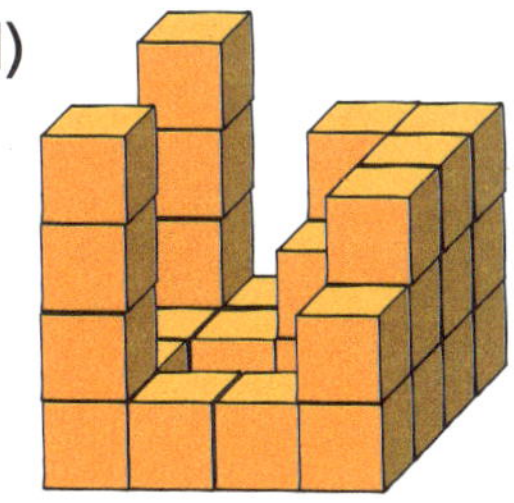

| | | | |
|---|---|---|---|
| | | | |
| | | | |
| | | | |
| | | | |

## 2 Verbinde die Namen mit dem richtigen Körpernetz.

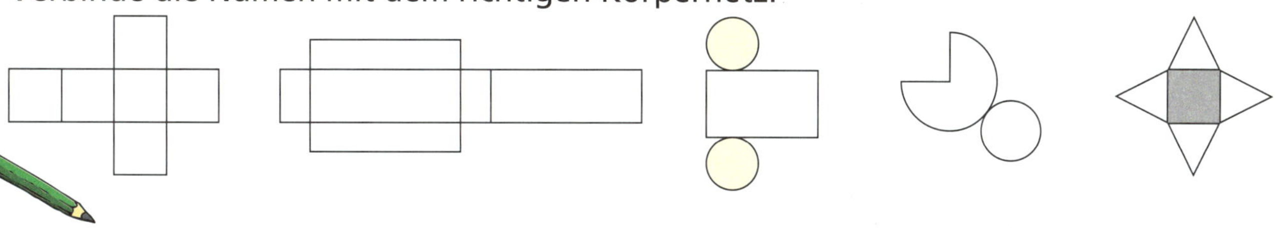

Zylinder Würfel Pyramide Quader Kegel

## 3 Zeichne die fehlenden Kanten der Quadermodelle ein.

a)

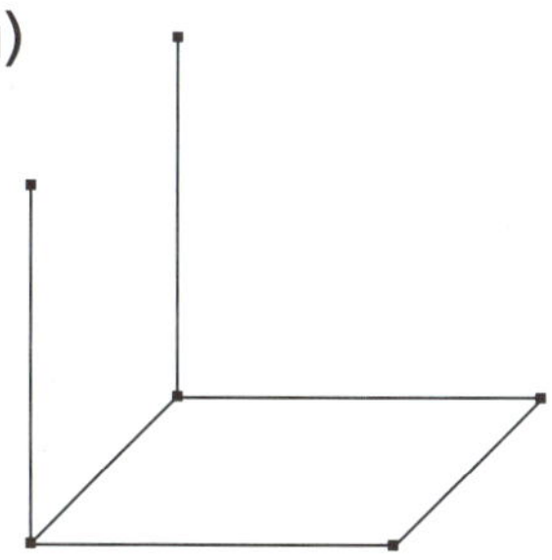

b)

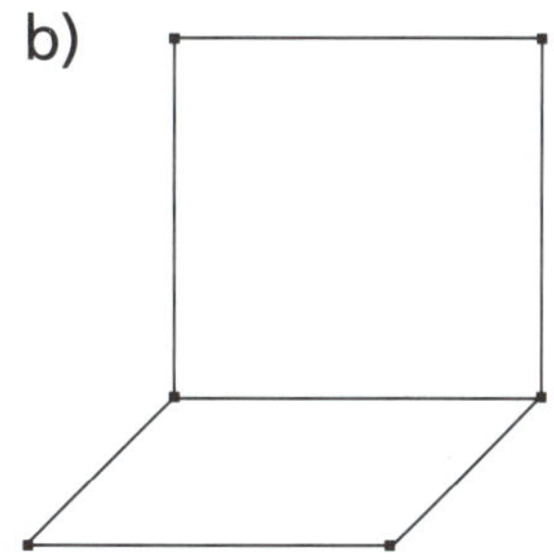

c)

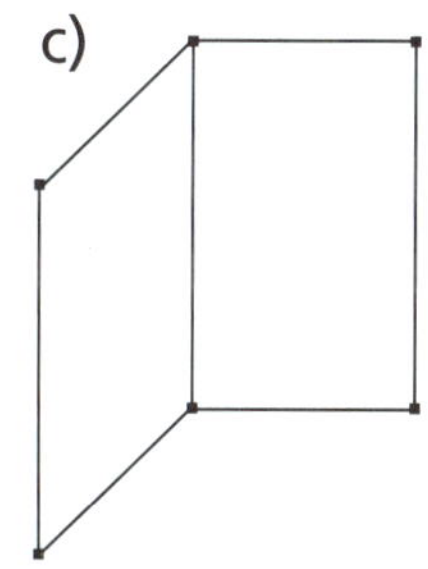

## 4 Die dargestellten Körper könnten auf die dargestellte Art nicht gebaut werden, da manche Teile in der Luft schweben. Wie viele Würfel musst du mindestens ergänzen, damit das Gebäude stabil ist?

a)

______

b)

______

c)

______

d)

______

1 Aus weißen und grauen Würfeln wurde ein Würfelgebäude gelegt. Anschließend wurde gezeichnet, was man von verschiedenen Seiten sieht. Welche Figur wurde gelegt? Kreuze an.

von oben | von links | von rechts | von vorn

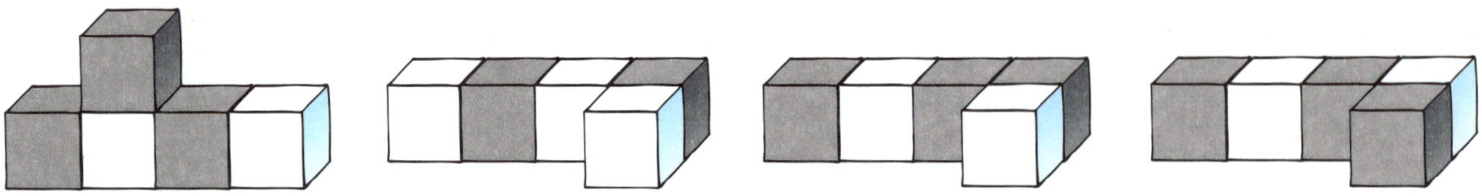

2 Zeichne das jeweilige Würfelgebäude von der linken Seitenansicht

a)

| | | |
|---|---|---|
| 1 | 1 | 1 |
| 2 | 2 | 1 |
| 1 | 2 | 2 |

b)

| | | |
|---|---|---|
| 1 | 1 | 1 |
| 1 | 1 | 1 |
| 1 | 1 | 1 |

c)

| | | |
|---|---|---|
| 2 | 1 | 2 |
| 1 | 2 | 2 |
| 2 | 3 | 2 |

3 Notiere den jeweiligen Körpernamen.

a) Ich besitze 6 gleich große Flächen: ____________________

b) Ich bestehe aus 3 Flächen. 2 meiner Flächen sind gleich groß: ____________________

c) Ich besitze 12 Kanten. Nicht alle meine Flächen sind gleich groß: ____________________

d) Ich besitze keine Ecke. Ich besitze auch nur eine Fläche: ____________________

e) Ich besitze 5 Flächen und 8 Kanten: ____________________

4 Bernd hat das abgebildete Geschenk erhalten. Das Geschenk ist in einer 10 cm x 10 cm x 40 cm großen Schachtel. Wie lange ist das Band, das um das Geschenk gewickelt wurde?

____________________

5 Sina behauptet: „Jeder Quader ist auch ein Würfel“.

a) Stimmt das? Kreuze an.

☐ ja ☐ nein

b) Begründe Deine Entscheidung. ____________________

____________________

1 Aus welchen Netzen lassen sich Würfel falten? Kreuze an.

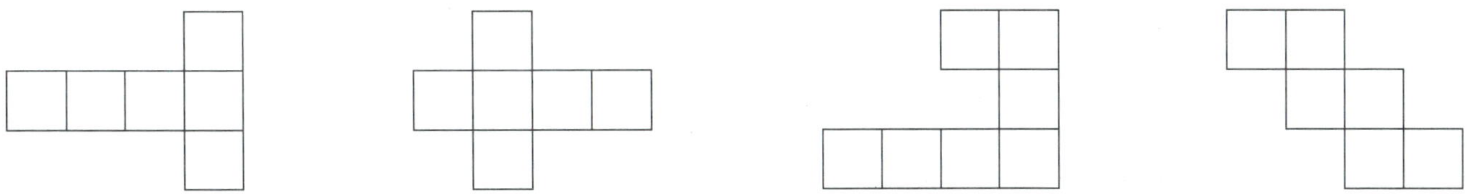

2 Ergänze die angefangenen Netze zu einem Würfelnetz. Hinweis: Oft gibt es auch mehrere richtige Lösungen.

a) 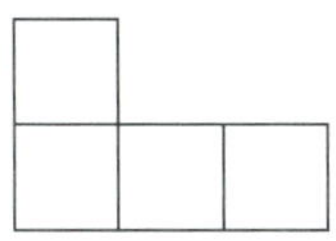

b) 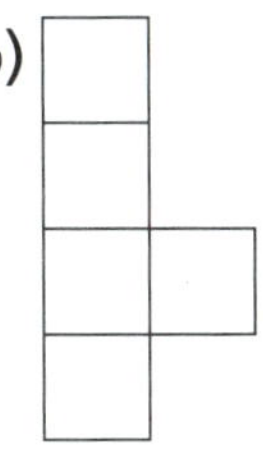

c) 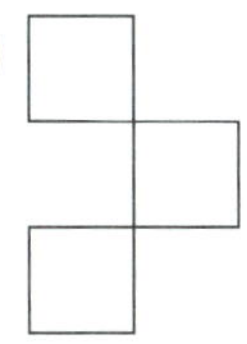

3 Bei welchen Würfelnetzen stoßen die rot markierten Kanten genau aufeinander, wenn man den Würfel zusammen falten würde? Kreuze an.

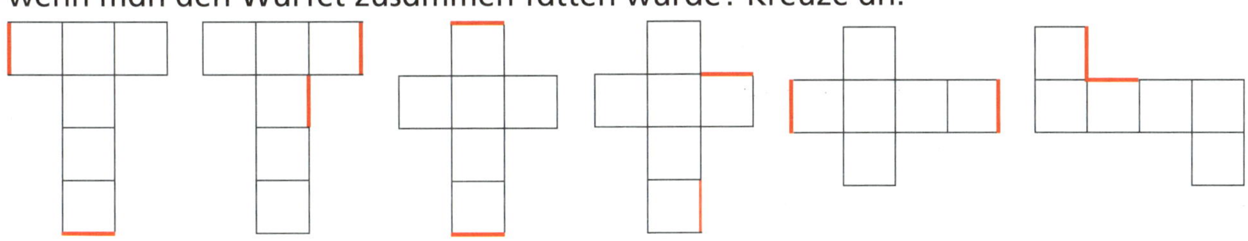

4 Welcher Würfel passt zum Netz? Verbinde.

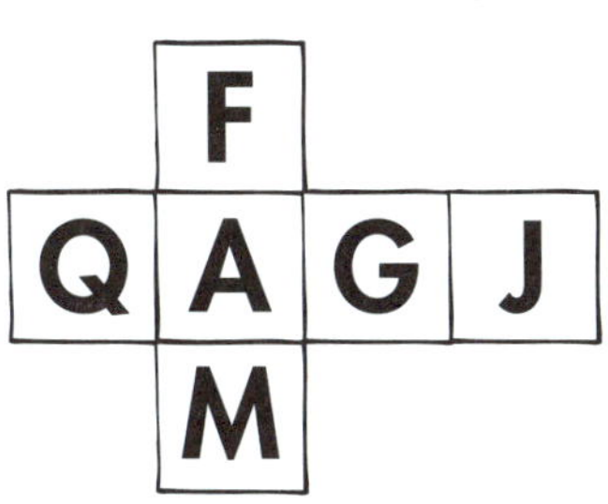

# Verschiedene Übungen

## Raum und Form

**1** Spiegle die Figuren an der jeweiligen Achse.

a) 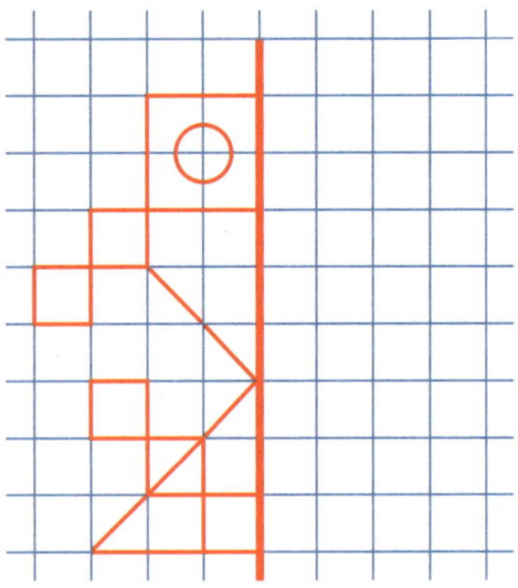

b) 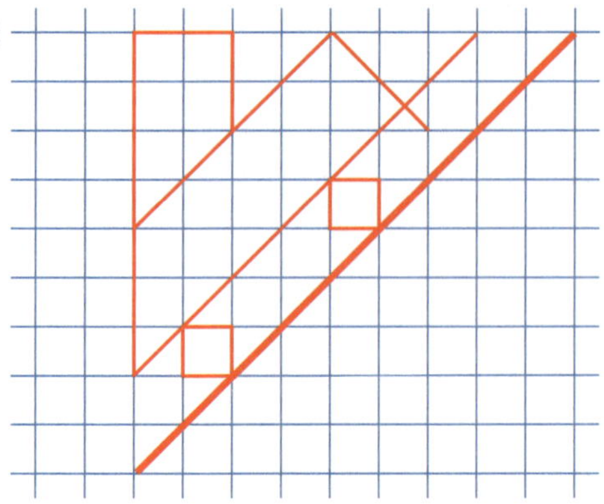

**2** Zeichne folgende Figuren

**a)** Quadrat mit Seitenlänge = 2 cm

**b)** Rechteck mit Länge = 3 cm und Breite = 2,2 cm

**3** Zeichne eine Kreisfigur nach Anleitung.

**a)** Zeiche einen Kreis mit dem Radius r = 2 cm und markiere den Mittelpunkt dieses Kreises.

**b)** Wähle einen beliebigen Punkt auf dem Kreis. Zeichne um diesen Punkt einen Kreis mit dem gleichen Radius (2 cm). Es entstehen zwei Schnittpunkte mit dem alten Kreis.

**4** Kreuze an, ob die Behauptung wahr oder falsch ist.

**a)** Ein Quadrat hat vier rechte Winkel.
☐ wahr ☐ falsch

**b)** Es gibt ein Dreieck mit zwei rechten Winkeln
☐ wahr ☐ falsch

**c)** Bei einem Quadrat sind die gegenüberliegenden Seiten gleich lang.
☐ wahr ☐ falsch

**d)** Bei einem Rechteck sind die gegenüberliegenden Seiten gleich lang.
☐ wahr ☐ falsch

**e)** Ein Würfel hat 12 Kanten.
☐ wahr ☐ falsch

**f)** Ein Quader hat 8 Ecken.
☐ wahr ☐ falsch

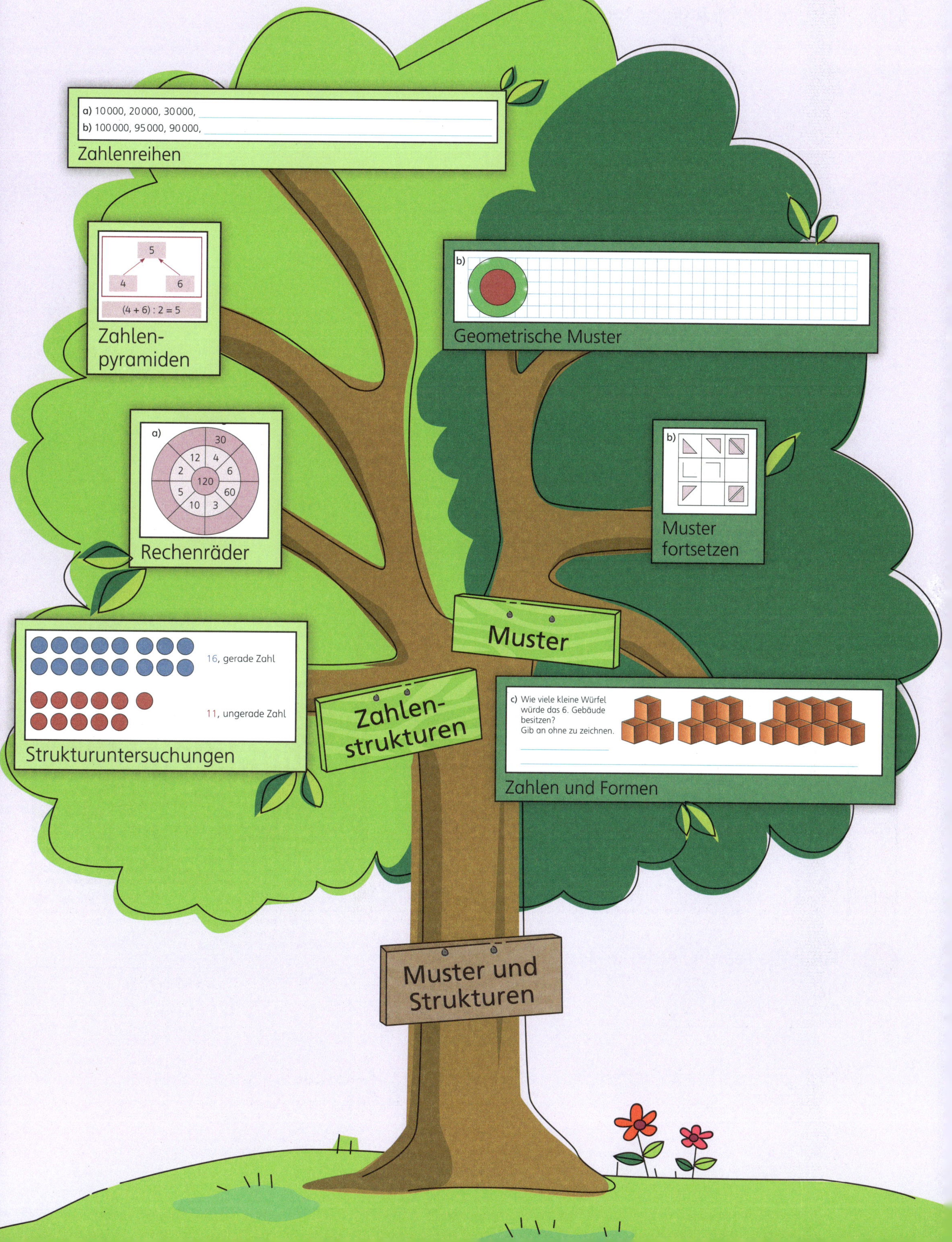
a) 10 000, 20 000, 30 000,
b) 100 000, 95 000, 90 000,
Zahlenreihen
5
4
6
(4 + 6) : 2 = 5
Zahlen-
pyramiden
b)
Geometrische Muster
a)
30
12
4
2
6
120
5
60
10
3
Rechenräder
b)
Muster
fortsetzen
16, gerade Zahl
11, ungerade Zahl
Strukturuntersuchungen
Muster
Zahlen-
strukturen
c) Wie viele kleine Würfel
würde das 6. Gebäude
besitzen?
Gib an ohne zu zeichnen.
Zahlen und Formen
Muster und
Strukturen

# Geometrische Muster 1

**1** Zeichne die Muster weiter.

a)

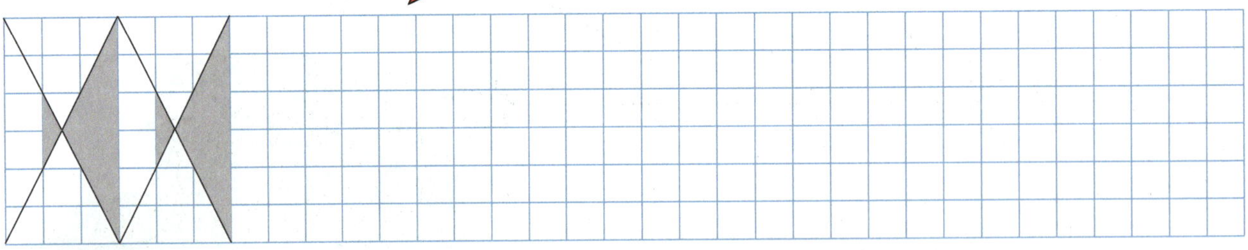

b)

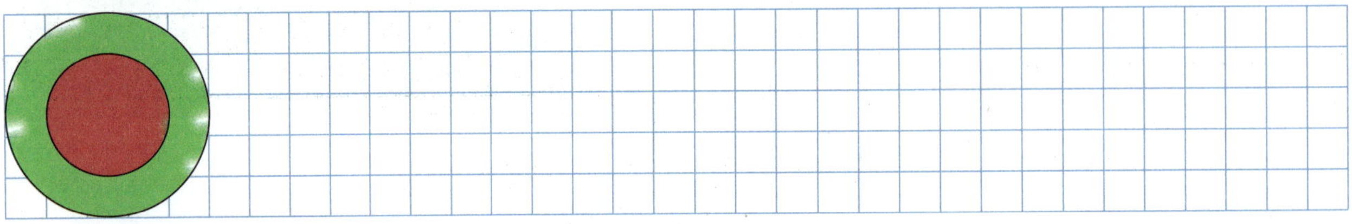

c)

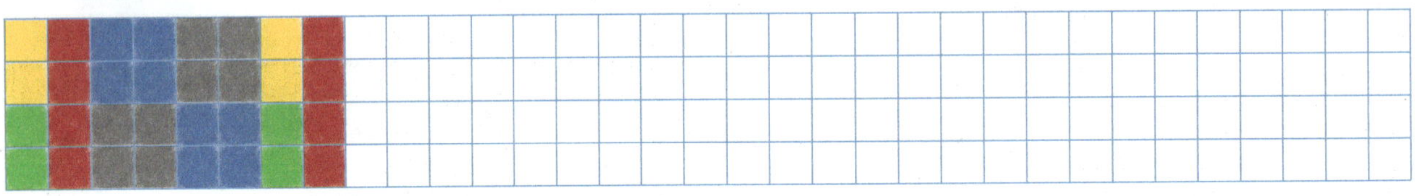

**2** Zeichne zwei weitere Quadratgebäude.

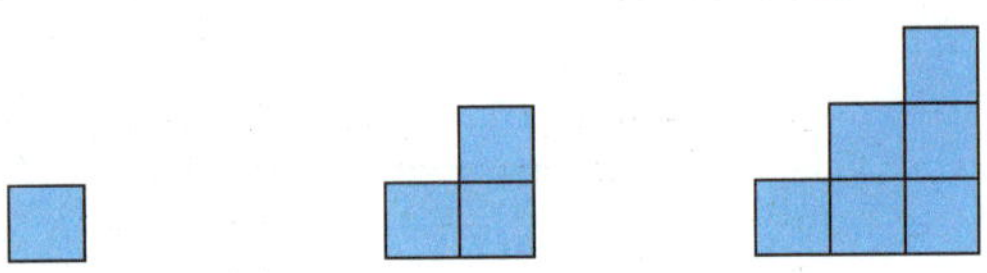

**3** Finde den Weg im Labyrinth.

a)

b)

**4** Fülle die leeren Felder in der Tabelle aus.

a)

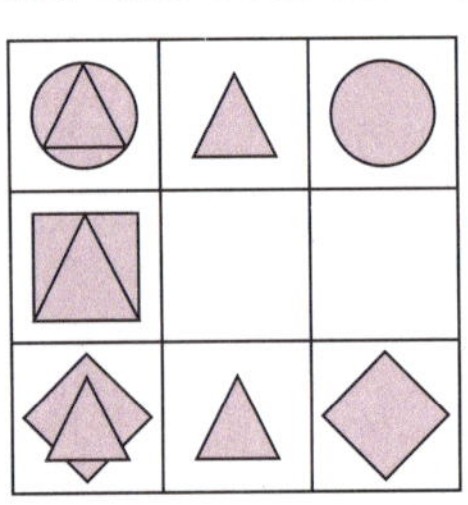

b)

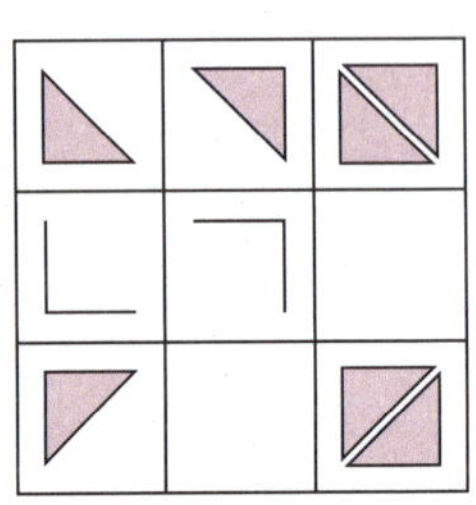

c)

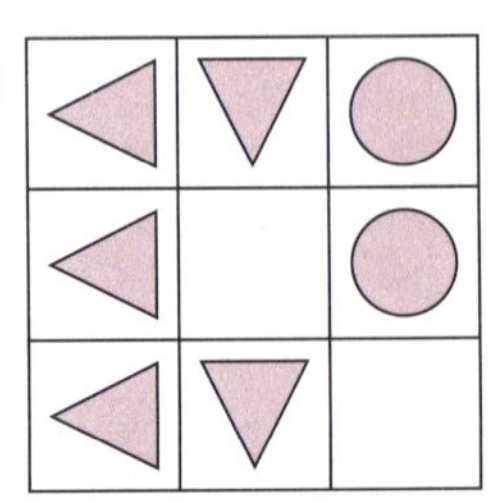

**1** Zeichne die Muster weiter.

a)

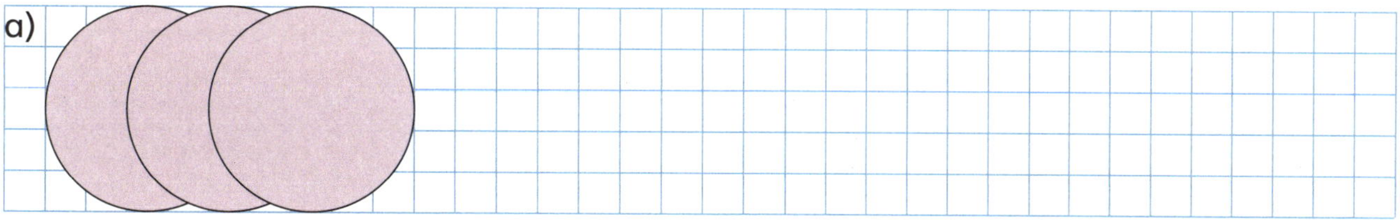

b)

**2** Wie geht es weiter?

a) Zeichne das nächste Würfelgebäude.

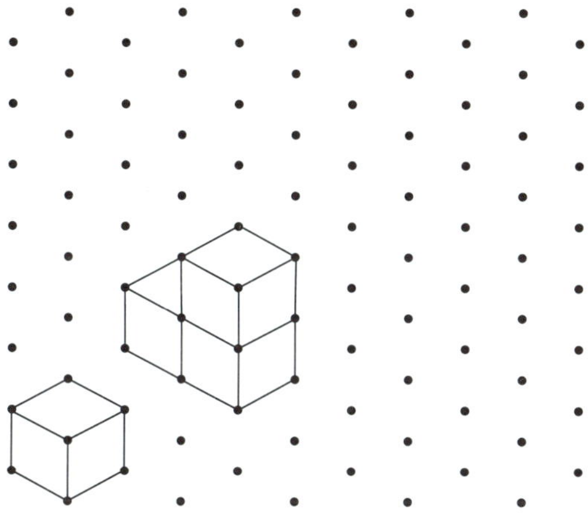

b) Wie viele kleine Würfel würde das 8. Gebäude besitzen? Gib an ohne zu zeichnen.

c) Wie viele kleine Würfel würde das 6. Gebäude besitzen? Gib an ohne zu zeichnen.

**3** Erkläre wie das Muster aus dem vorgegebenen Dreieck mit dem Zirkel gezeichnet wurde.

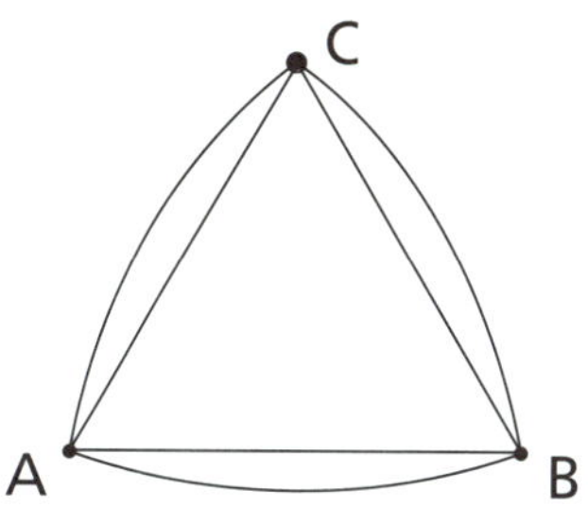

# 4 Arithmetische Muster1

## Muster und Strukturen

**1** Schreibe die Ergebnisse in die leeren Felder.

a)

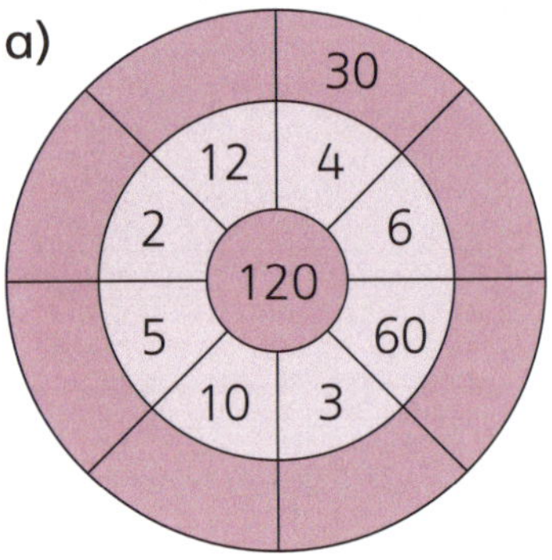


b)

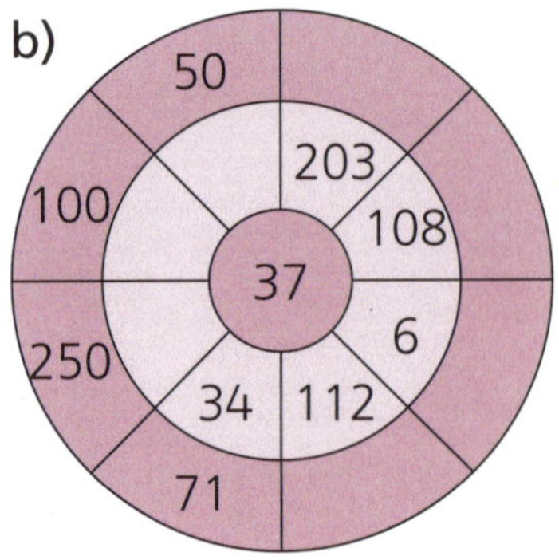


c)

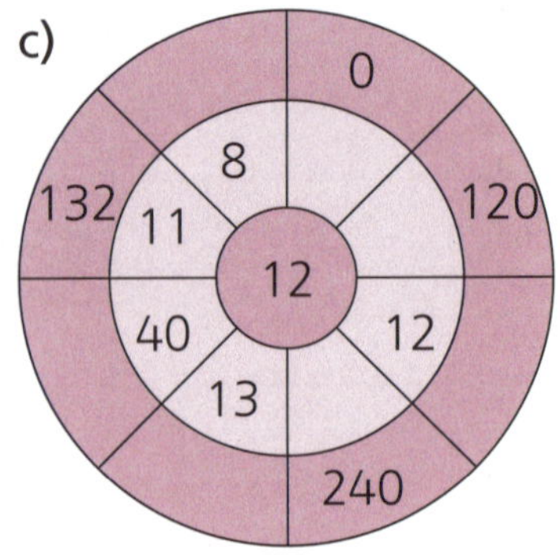


**2** Stefan möchte die Zahlen von 1 bis 20 addieren. Er möchte allerdings nicht alle Zahlen einzeln addieren, dies ist ihm zu aufwendig. Welche unten abgebildete Rechnung sollte er benutzen, um schnell zum richtigen Ergebnis zu kommen? Kreuze an.

- $1 + 20$
- $20 \cdot 21$
- $20 \cdot 19$
- $20 \cdot 21 : 2$

**3** Betrachte folgende Malaufgaben:

$11 \cdot 11 = 121$ $\qquad$ $111 \cdot 111 = 12321$

Notiere die Ergebnisse der nachfolgenden Aufgaben ohne zu berechnen:

a) $1111 \cdot 1111$ ____________ $\qquad$ b) $11111 \cdot 11111$ ____________

**4** Betrachte die abgebildete Hundertertafel

a) Addiere alle Zahlen einer Spalte. Schreibe die Ergebnisse der grauen, roten und grünen Spalte auf.

| | | | | | | | | | |
|---|---|---|---|---|---|---|---|---|---|
| 1 | 2 | 3 | 4 | 5 | 6 | 7 | 8 | 9 | 10 |
| 11 | 12 | 13 | 14 | 15 | 16 | 17 | 18 | 19 | 20 |
| 21 | 22 | 23 | 24 | 25 | 26 | 27 | 28 | 29 | 30 |
| 31 | 32 | 33 | 34 | 35 | 36 | 37 | 38 | 39 | 40 |
| 41 | 42 | 43 | 44 | 45 | 46 | 47 | 48 | 49 | 50 |
| 51 | 52 | 53 | 54 | 55 | 56 | 57 | 58 | 59 | 60 |
| 61 | 62 | 63 | 64 | 65 | 66 | 67 | 68 | 69 | 70 |
| 71 | 72 | 73 | 74 | 75 | 76 | 77 | 78 | 79 | 80 |
| 81 | 82 | 83 | 84 | 85 | 86 | 87 | 88 | 89 | 90 |
| 91 | 92 | 93 | 94 | 95 | 96 | 97 | 98 | 99 | 100 |

b) Wie groß ist das Ergebnis, wenn du alle Zahlen in der blauen Spalte addierst?

____________________________________________

Muster und Strukturen

**1** Betrachte das abgebildete Muster. Trage die fehlenden Zahlen in die Felder ein.

a)

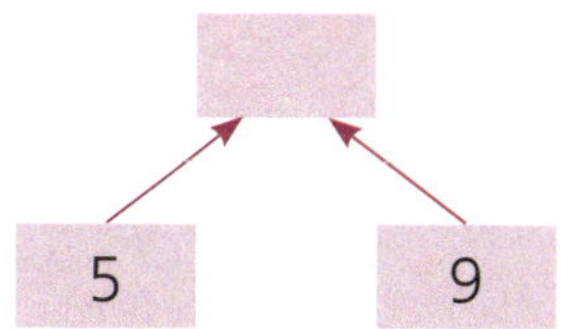


b)

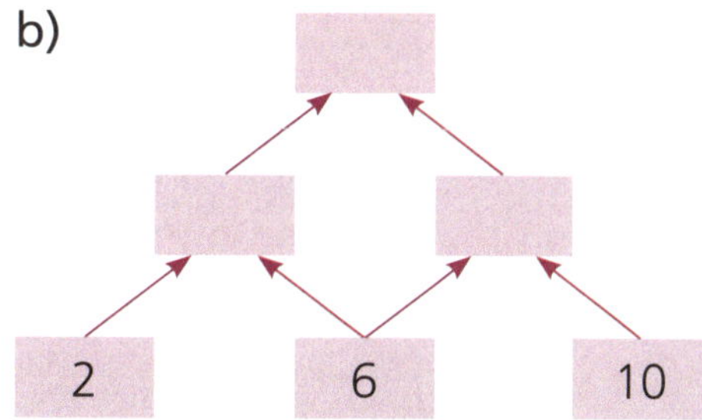


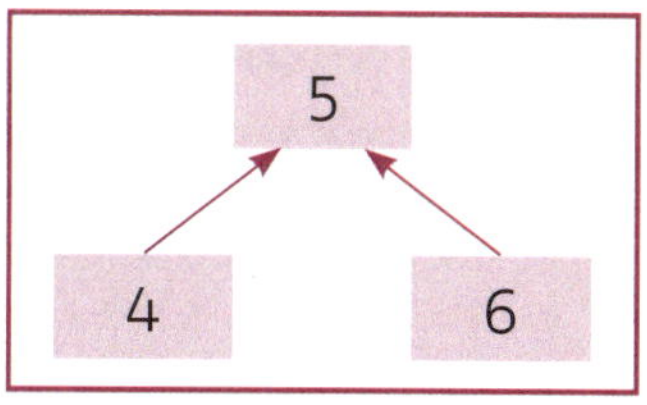


$(4 + 6) : 2 = 5$

c)

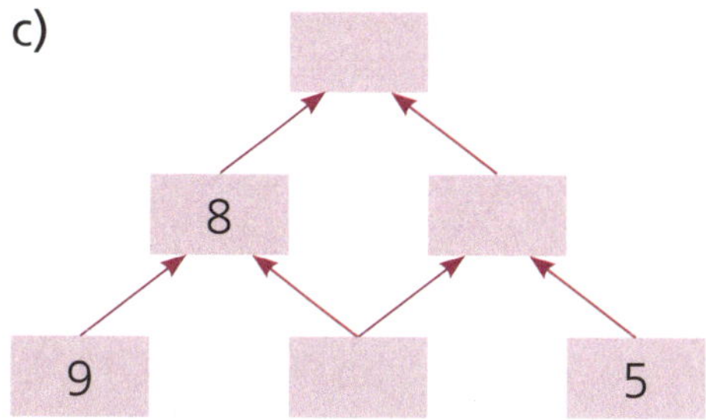

**2** ANNA-Zahlen sind vierstellige Zahlen, die wie das Wort ANNA aufgebaut sind.
Z. B.: 4774

**a)** Notiere 6 verschiedenen ANNA-Zahlen.

______________________________

**b)** Zu 2 verschiedenen Ziffern lassen sich wie viele verschiedene ANNA-Zahlen finden?

______________________________

**3** Gerade Zahlen lassen sich mit Legeplättchen als Doppelreihe legen. Ungerade Zahlen lassen sich als Doppelreihe und einem Extraplättchen legen (siehe unten).

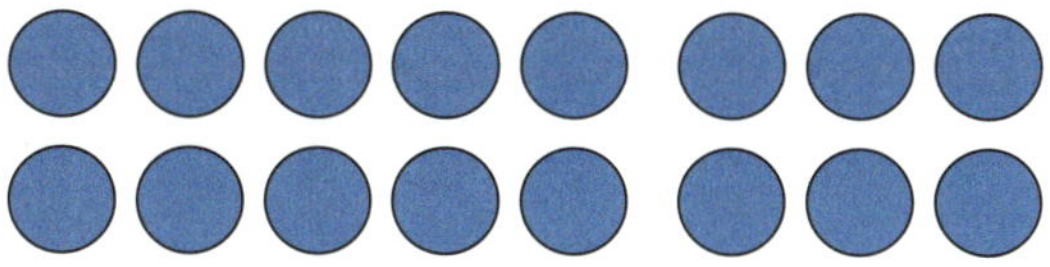

16, gerade Zahl

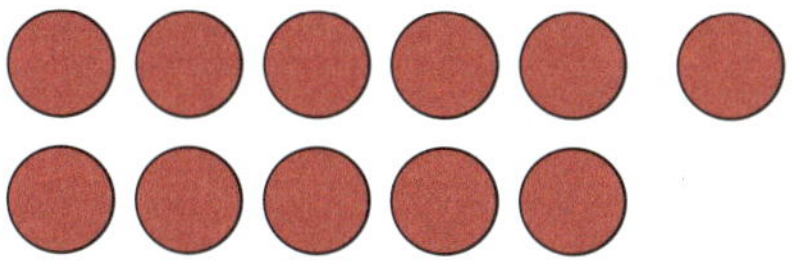

11, ungerade Zahl

Begründe folgende Aussage mit Hilfe der obigen Zeichnungen:
Addiert man zwei ungerade Zahlen, erhält man wieder eine gerade Zahl.

______________________________

______________________________

______________________________

# Zahlenreihen

## Muster und Strukturen

**1** Setze die Zahlenreihen um 6 Zahlen fort.

a) 10 000, 20 000, 30 000, ____________________

b) 100 000, 95 000, 90 000, ____________________

c) 11 000, 22 000, 33 000, ____________________

d) 20, 40, 80, ____________________

e) 7 500, 15 000, 22 500, ____________________

f) 100 000, 0, 99 999, 1, 99 998, ____________________

g) 10, 20, 30, 100, 200, ____________________

**2** Wie heißt die Startzahl der Reihe?

a) __________, 4 250, 5 000, 5 750, 6 500

b) __________, 35 000, 29 900, 24 800

c) __________, 180, 360, 720

d) __________, 6, 18, 108, 1 944

**3** In jedem Jahr wachsen bei diesem Baum aus jeder Spitze zwei neue Spitzen.

eingepflanzt ein Jahr zwei Jahre

Wie viele Spitzen hat der Baum nach

a) 3 Jahren? b) 4 Jahren? c) 6 Jahren? d) 10 Jahren?

____________________

**4** Wie viele kleine Quadrate sind in der achten Figur?

1. Figur 2. Figur 3. Figur 8. Figur

a)

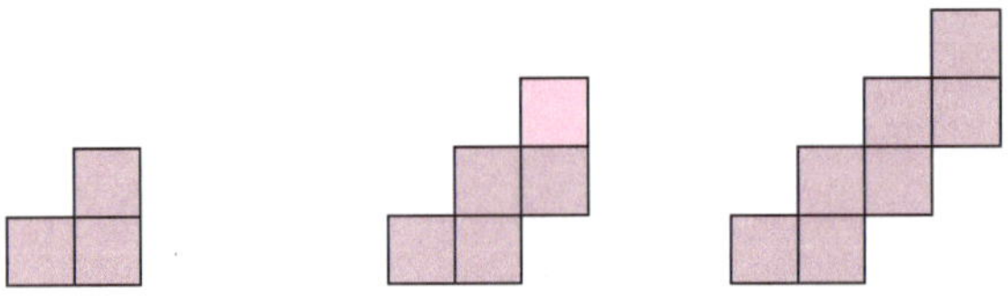

____________________

b)

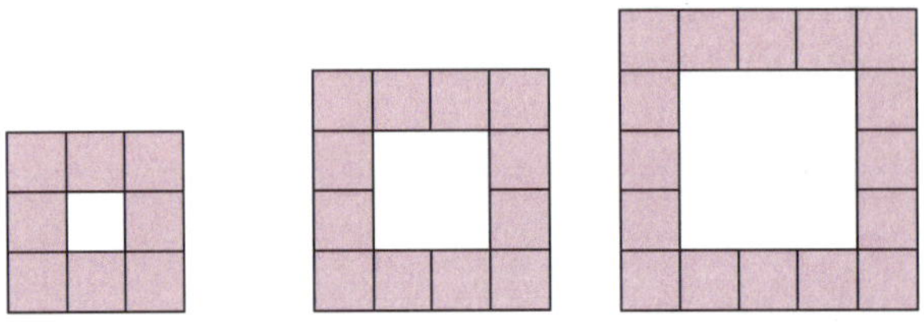

____________________

c)

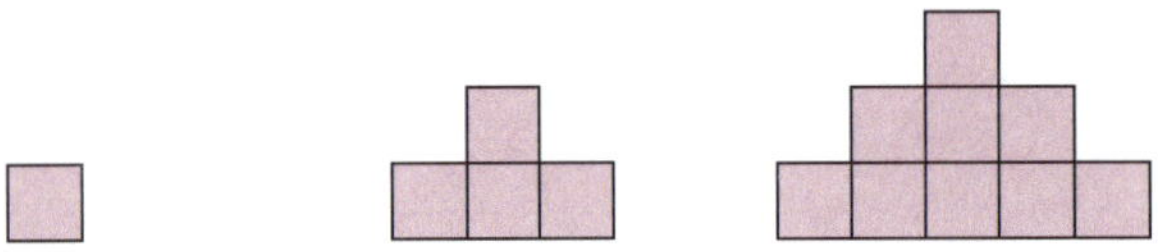

____________________

**1** In welche Richtung dreht sich das rote Zahnrad?

a)

b)

**2** Zeichne die Muster um zwei Figuren weiter.

a)

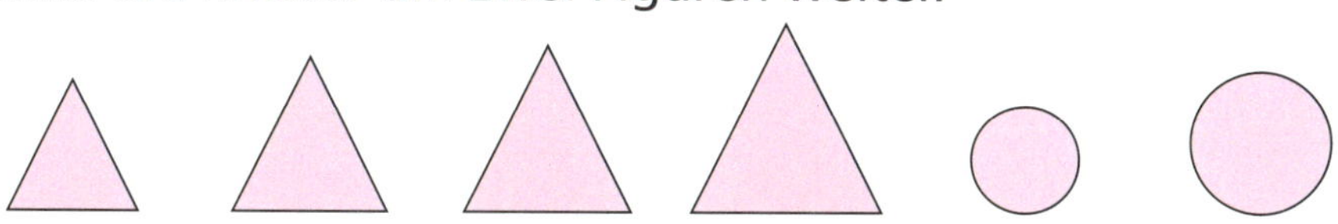

b)

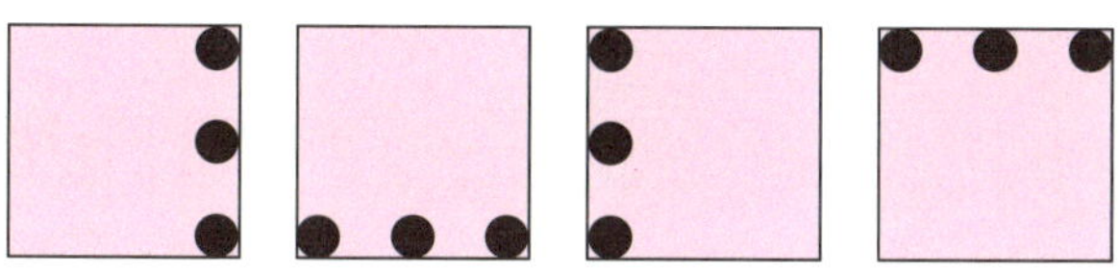

**3** Zeichne die Farben entsprechend dem Muster weiter.

a)

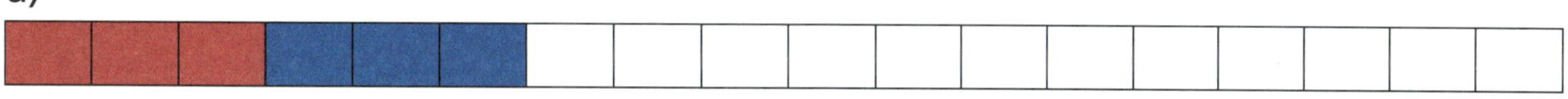

b)

c)

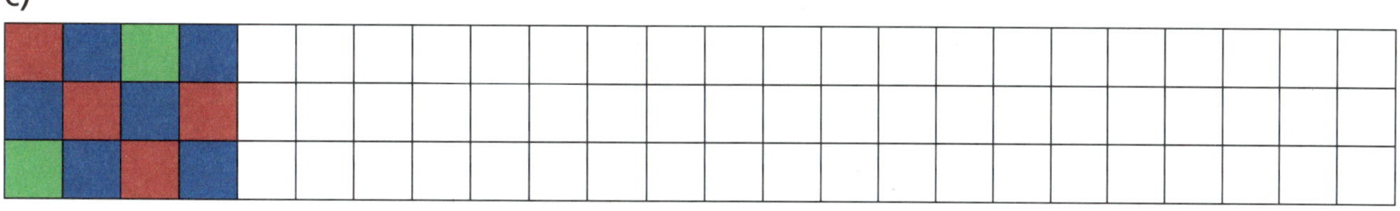

**4** Setze die Reihen um fünf Zahlen fort.

a) 1 100, 1 200, 1 300, __________

b) 74 549, 74 449, 74 349, __________

c) 80 101, 81 101, 82 101, __________

d) 102, 103, 205, 308, __________

e) 300, 600, 1 200, __________

# Verschiedene Übungen 2

## Muster und Strukturen

**1** **Setze zwei Aufgaben entsprechend fort.**

a) 100 000 : 10 000   10 000 : 1 000 ______

b) 480 : 5   576 : 6   672 : 7 ______

c) 425 : 5   375 : 5   325 : 5 ______

**2** **Bertrachte die abgebildete Hundertertafel.**

a) Streiche folgende Zahlen durch:
- die Vielfachen von 2 (außer der 2),
- die Vielfachen von 3 (außer der 3)
- die Vielfachen von 5 (außer der 5)
- die Vielfachen von 7 (außer der 7)

b) Welche Zahlen bleiben übrig?
Was fällt dir auf? Beschreibe.

______
______
______

| | | | | | | | | | |
|---|---|---|---|---|---|---|---|---|---|
| 1 | 2 | 3 | 4 | 5 | 6 | 7 | 8 | 9 | 10 |
| 11 | 12 | 13 | 14 | 15 | 16 | 17 | 18 | 19 | 20 |
| 21 | 22 | 23 | 24 | 25 | 26 | 27 | 28 | 29 | 30 |
| 31 | 32 | 33 | 34 | 35 | 36 | 37 | 38 | 39 | 40 |
| 41 | 42 | 43 | 44 | 45 | 46 | 47 | 48 | 49 | 50 |
| 51 | 52 | 53 | 54 | 55 | 56 | 57 | 58 | 59 | 60 |
| 61 | 62 | 63 | 64 | 65 | 66 | 67 | 68 | 69 | 70 |
| 71 | 72 | 73 | 74 | 75 | 76 | 77 | 78 | 79 | 80 |
| 81 | 82 | 83 | 84 | 85 | 86 | 87 | 88 | 89 | 90 |
| 91 | 92 | 93 | 94 | 95 | 96 | 97 | 98 | 99 | 100 |

**3** **Zahlen wie 3 553 oder 47 374 heißen Spiegelzahlen.**

a) Nenne 3 verschiedene fünfstellige Spiegelzahlen. ______

b) Die Umkehrzahl zu 3 574 heißt 4 753. Schreibe die Umkehrzahlen auf.

4 278: ______   3 879: ______   52 068: ______

c) Betrachte das abgebildete Flussdiagramm. Mit dessen Hilfe kannst du aus jeder beliebigen Zahl eine Spiegelzahl machen. Arbeite mit dem Flussdiagramm und berechne aus 475 eine Spiegelzahl.

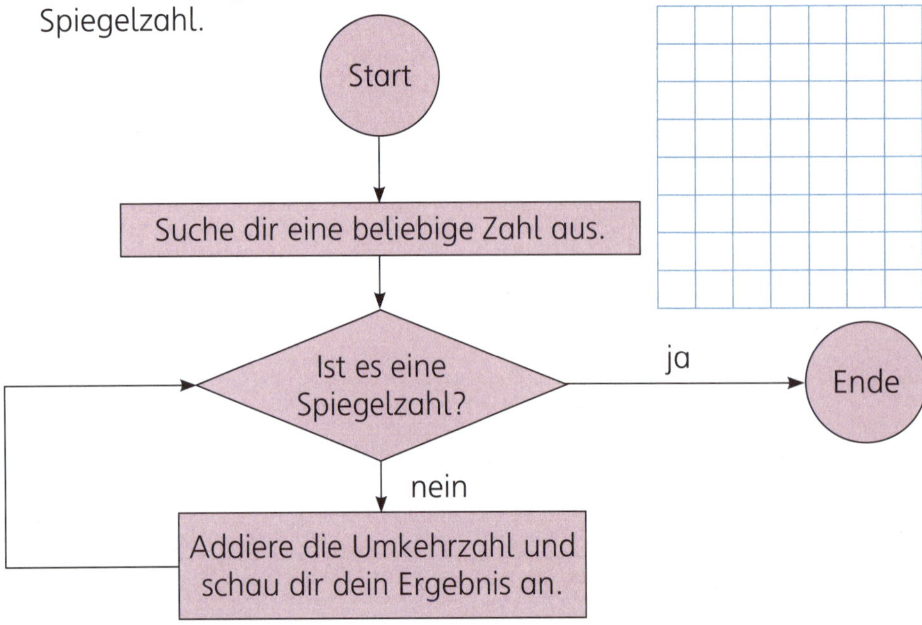

# Größen und Messen

## Geld

### Mit Geld rechnen

| Gesprächsdauer in min. | 51 s | 42 s | 2 min 15 s | 8 min 3 s |
|---|---|---|---|---|
| Gesprächsdauer in Euro | 0,30 € | | | |

## Gewicht/Hohlmaße

### Gewichte

5 kg | 50 g | 6 t | 1 100 kg | 700 kg

### Hohlmaße

Ordne den Gefäßen ihre Füllmenge zu.

## Längen

### Maßstab

(1 : 2) ____ (4 : 1) ____ (3 : 1) ____ (1 : 4) ____ (3 : 1) ____ (4 : 1) ____

### Fläche und Umfang

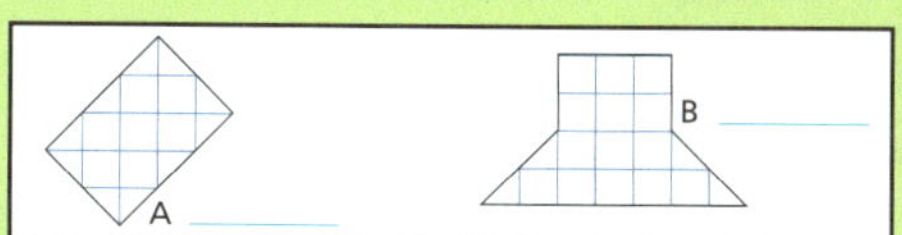


## Zeit

### Zeiten umrechnen

a) 1 min = ______ s b) 1 h = ______ min c) 1 d = ______ h
d) 1 Woche = ______ Tage e) 7 min = ______ s f) 3 d = ______ h
g) 12 Wochen = ______ Tage h) 3 600 s = ______ h i) 11 min = ______ s

### Uhrzeit

a)

02:15 Uhr 20 s
14:15 Uhr 20 s

### Zeitspanne

| Anfang | 10:20 Uhr | 12:47 Uhr | 13:05 Uhr | | |
|---|---|---|---|---|---|
| Ende | 04:00 Uhr | | | 08:46 Uhr | 03:20 Uhr |
| Zeitdauer | | 2 h 25 min | 4 h 47 min | 1 h 22 min | 7 h 33 min |

# Geld

Größen und Messen

**1** Ordne den Preis den jeweiligen Gegenständen zu.

    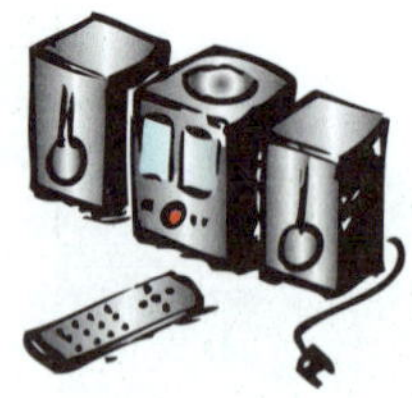 

1 000 € | 70 € | 0,10 € | 0,01 € | 23 000 € | 25 €

**2** Rechne um und notiere das Ergebnis in der Tabelle.

| Euro | 1,45 | 8,44 | | 17,38 | 99,02 | | | |
|---|---|---|---|---|---|---|---|---|
| Cent | 145 | | 355 | | | 1 450 | 2 005 | 7 |

**3** Ergänze bis zum nächsten vollen Euro.

a) 11,43 € + 0,57 € = 12 € b) 14,37 € + ______ = ______ c) 42,88 € + ______ = ______

d) 0,21 € + ______ = ______ e) 147,99 € + ______ = ______ f) 241,09 € + ______ = ______

**4** Beim Telefonanbieter Telefonica kostet jede angefangene Minute immer 30 Cent. Schreibe die Telefonkosten für die einzelnen Gesprächsdauern in die Tabelle.

| Gesprächsdauer in min. | 51 s | 42 s | 2 min 15 s | 8 min 3 s |
|---|---|---|---|---|
| Gesprächsdauer in Euro | 0,30 € | | | |

**5** Berechne die einzelnen Kosten.

| Gewicht in g | Preis in € |
|---|---|
| 100 | 7,00 |
| 200 | 14,00 |
| 300 | |
| 400 | |

| Länge in m | Preis in € |
|---|---|
| 100 | 90 |
| 200 | 180 |
| 50 | |
| 25 | |

| Zeit in s | Preis in € |
|---|---|
| 10 | 40 |
| 20 | 80 |
| 150 | |
| | 800 |

**6** Peter und sein Vater fahren mit dem Zug nach München. Kinder zahlen für die Zugfahrt nur die Hälfte. Die gesamte Fahrt hat 600 € gekostet. Wie viel musste für Peters Fahrkarte bezahlt werden? ______________________

______________________

**1** Rechne in die angegebene Einheit um.

a) 1 m = ___ cm
1 m = ___ dm
140 cm = ___ mm
500 cm = ___ m

b) 1 cm = ___ mm
1 km = ___ m
227 dm = ___ cm
3 000 m = ___ km

c) 1 dm = ___ cm
17 m = ___ cm
4 km = ___ m
900 m = ___ dm

**2** Notiere <, > oder =.

a) 3 200 m ◯ 3 km
135 mm ◯ 14 cm
2 500 m ◯ 2 ½ km

b) 35 000 mm ◯ 1 km
40 000 mm ◯ 4 m
1,4 km ◯ 1 040 m

c) 17, 4 m ◯ 174 dm
0,54 m ◯ 182 mm
3,05 cm ◯ 35 mm

**3** So viel wachsen Nägel und Haare etwa in einem Monat.

Fingernagel: 3 mm
Zehennagel: 1 mm
Kopfhaare: 10 mm

Wie lang wachsen die Haare und Nägel in
a) 8 Wochen
b) Halbes Jahr
c) Ganzes Jahr

| | Fingernagel | Zehennagel | Kopfhaare |
|---|---|---|---|
| 1 Monat | | | |
| 8 Wochen | | | |
| Halbes Jahr | | | |
| Ganzes Jahr | | | |

**4** Evi schafft mit dem Fahrrad in einer Stunde 10 km. Evi fährt von Berstadt nach Wölfersheim. Das sind 5 km. Wie lange wird Evi dafür benötigen?

___

**5** Neben dem Baum steht ein Kind. Das Kind ist 1,60 m groß. Wie hoch ist der Baum? Notiere eine passende Rechnung und bestimme die ungefähre Baumhöhe.

___

___

**6** Eine Schnecke versucht eine Mauer hochzukriechen. Die Mauer ist 10 m hoch. Am Tag schafft sie etwa 3 Meter. In der Nacht rutscht sie immer wieder 2 m nach unten. Nach wie viel Tagen ist die Schnecke oben angekommen?

___

___

# Längen 2



**1** **Rechne in die angegebene Einheit um.**

a) $\frac{1}{2}$ m = ______ cm
$\frac{3}{4}$ m = ______ dm
147 mm = ______ cm
1,73 cm = ______ m

b) $\frac{1}{4}$ m = ______ cm
2 $\frac{1}{4}$ km = ______ m
3,8 dm = ______ cm
4,5 km = ______ m

c) 1 $\frac{1}{2}$ dm = ______ cm
130 cm = ______ m
4,7 km = ______ m
147,8 m = ______ dm

**2** **Kreuze Aussagen, die wahr sein könnten, an.**

- ☐ Herr Meier ist 1,85 m groß.
- ☐ Unser Auto (normaler PKW) ist 3 m hoch.
- ☐ Mein Handy ist 50 cm hoch.
- ☐ Ein Bett ist etwa 2 m lang.
- ☐ Unser Einfamilienhaus ist 50 m hoch.
- ☐ Mein Handy ist 14 cm hoch.

**3** **Um die Höhe des Kölner Doms zu bestimmen, müsste man etwa 100 Kinder aufeinander stellen.**
**Notiere eine passende Rechnung und bestimme die ungefähre Größe des Doms.** ______________________

______________________

**4** **Das Auto der Familie Bettner benötigt für 100 km 8 l Benzin.**

a) In den Tank des Autos passen 56 l. Wie viele km kann das Auto damit etwa fahren?

______________________

b) Frau Bettner ist 450 km gefahren. Wie viel Liter Benzin wird sie etwa verbraucht haben?

______________________

**5** **Ordne die Zahlen richtig zu.**

| Höhe Wasserkuppe in m | Höhe Zugspitze in m | Einwohner Hessen | Einwohner Frankfurt |
|---|---|---|---|

2 962 m | 660 000 | 6 075 000 | 950 m

**6** **Die Häuser von Julius und Stefan stehen 500 m voneinander entfernt. Julius rennt 80 m in der Minute. Stefan legt in einer Minute 70 m zurück. Beide Jungs gehen zur gleichen Zeit zu Hause los und wollen den anderen besuchen. Nach wie vielen Minuten treffen sie sich?** ______________________

______________________

______________________

**1** Wie lang sind die einzelnen Körper bzw. Gegenstände in Wirklichkeit? Unter dem Bild ist der Maßstab angegeben. Miss und rechne um.

(3 : 1) ______

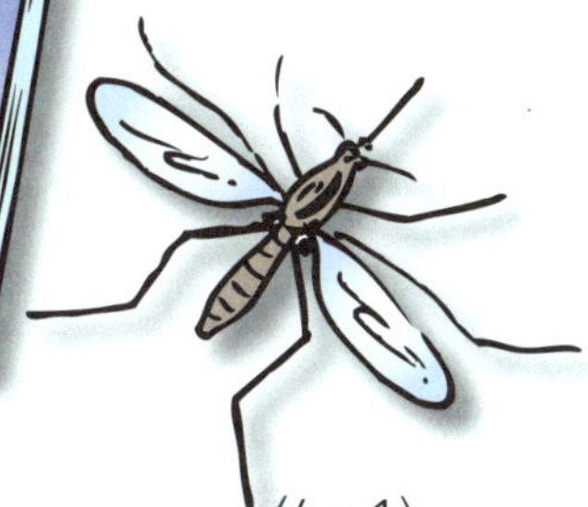

(1 : 2) ______ (4 : 1) ______ (3 : 1) ______ (1 : 4) ______ (4 : 1) ______

**2** Fülle die fehlenden Lücken in der Tabelle aus.

| Länge auf der Karte | 5 cm | 12 cm | 3 cm | 6 cm | 12 cm | 4 cm | 7 cm | 9 cm |
|---|---|---|---|---|---|---|---|---|
| Maßstab | 1:100 | 1:100 | 1:1 000 | 1:50 | 1:25 | 1:400 | 1:200 | 1:300 |
| Länge in Wirklichkeit | 5 m | | | | | | | |

**3** Zeichne die Höhen der einzelnen Gebäude im Maßstab 1:2 000 in das Säulendiagramm.

Gebäude A: 40 m

Gebäude B: 45 m

Gebäude C: 38 m

Gebäude D: 53 m

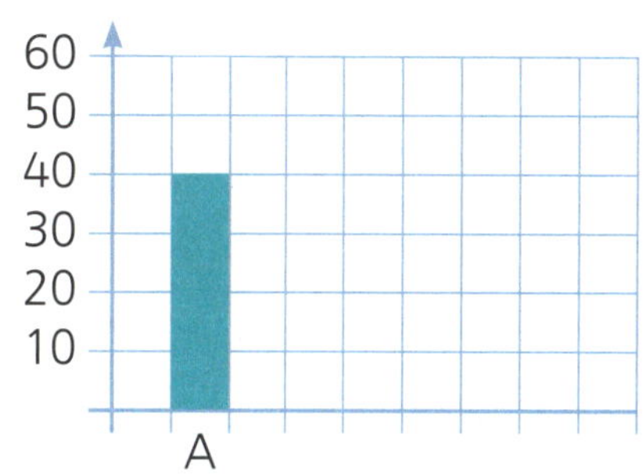


**4** Yannik macht eine Fahrradtour (siehe Karte). Er fährt von der Burg zum See, dann zur großen Eiche, über den Spielplatz und von der Mühle zurück zur Burg. Wie viel Kilometer ist er gefahren, wenn der Maßstab der Karte 1:10 000 beträgt? ______________________

# Gewichte 1

Größen und Messen

**1** Rechne in die angegebene Einheit um.

a) 1 kg = ______ g  b) 1 t = ______ kg  c) 4 000 g = ______ kg

d) 100 t = ______ kg  e) 3 t 500 kg = ______ kg  f) 14 t 222 kg = ______ kg

g) 52 000 g = ______ kg  h) 1 000 000 g = ______ t  i) 42 t = ______ kg

**2** Runde auf

a) volle kg: 3 kg 986 g ≈ ______  14 kg 499 g ≈ ______  147 kg 394 g ≈ ______

674 g ≈ ______  $5\frac{1}{2}$ kg ≈ ______  247 g ≈ ______

b) volle t: 4 t 199 kg ≈ ______  599 t 604 kg ≈ ______  999 t 500 g ≈ ______

2 500 g ≈ ______  $47\frac{1}{2}$ t ≈ ______  34 t 200 kg ≈ ______

**3** Ergänze zum nächsten Kilogramm.

a) 700 g + 300 g = 1 kg  b) 400 g + ______ = ______  c) 657 g + ______ = ______

d) 5 kg 340 g + ______ = ______  e) 4 kg 591 g + ______ = ______  f) 142 kg 1 g + ______ = ______

**4** Ordne den Tieren das passende Gewicht zu.

5 kg  50 g  6 t  1 100 kg  700 kg

**5** Ein Lastwagen wiegt mit seiner Ladung Eisenstäbe 42 500kg.
Ohne die Ladung wiegt er 26400 kg.
Wie viel kg Eisenstäbe hat der Lastwagen geladen?

______________________________

______________________________

**6** Betrachte die beiden Verpackungen. Peter benötigt 12 kg Zwiebeln. Wie kann er diese am günstigsten kaufen? Begründe deine Entscheidung.

______________________________

______________________________

**1** Rechne in die angegebene Einheit um.

a) ½ kg = ______ g   b) ¼ t = ______ kg   c) 3½ kg = ______ g

d) 2,5 kg = ______ g   e) 13,7 t = ______ kg   f) 2,89 kg = ______ g

g) 5 242 g = ______ kg   h) 249 g = ______ kg   i) 10 502 kg = ______ t

**2** Ordne der Größe nach. Beginne mit dem kleinsten Gewicht.

a) 525 g | 3 t | 4 kg | 724 kg | 234 t | 17 t | 47 g | 100 kg

47 g < ______

b) 2½ kg | 3,5 t | 2,6 kg | 3 400 kg | 0,5 t | 7 854 kg | 13 t | 15 745 kg | 1,5 kg

1,5 kg < ______

**3** Herr Schmidt wiegt 71 kg. Seine Tochter Jasmin ist nur halb so schwer. Wie viel kg wiegt Jasmin?

Rechnung: ______

Antwort: ______

**4** Das Elefantenbaby Dumbo wiegt bei seiner Geburt 102 kg. Es nimmt anfänglich pro Woche etwa 7 kg zu.

a) Wie schwer ist Dumbo nach drei Wochen? ______

b) Wie schwer ist Dumbo nach zehn Wochen? ______

**5** Das Diagramm zeigt die wöchentliche Weizenproduktion der Gemeinde Ranstadt (vom 13.08.07 bis 19.08.07)

a) Notiere die Daten in die Tabelle.

b) Wie viel Tonnen Weizen wurden in der gesamten Woche produziert?

______

______

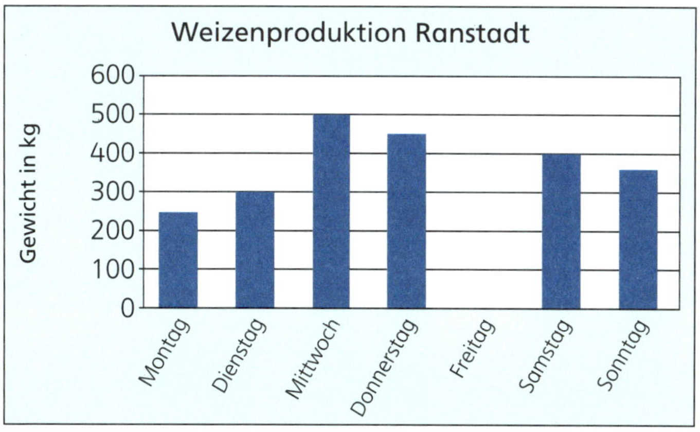


| Tag | Montag | Dienstag | Mittwoch | Donnerstag | Freitag | Samstag | Sonntag |
|---|---|---|---|---|---|---|---|
| Gewicht in kg | | | | | | | |
| Gewicht in t | | | | | | | |

# Zeit 1

Größen und Messen

**1** Notiere die Uhrzeit.

a)

02:15 Uhr 20 s

14:15 Uhr 20 s

b)

c)

d)

**2** Wandle in die angegebene Einheit um.

**a)** 1 min = ______ s **b)** 1 h = ______ min **c)** 1 d = ______ h

**d)** 1 Woche = ______ Tage **e)** 7 min = ______ s **f)** 3 d = ______ h

**g)** 12 Wochen = ______ Tage **h)** 3600 s = ______ h **i)** 11 min = ______ s

**3** Trage die Zeitdauer in die Tabelle ein.

| Anfang | 02:45 Uhr | 03:15 Uhr | 12:30 Uhr | 07:20 Uhr | 23:27 Uhr |
|---|---|---|---|---|---|
| Ende | 04:00 Uhr | 05:00 Uhr | 19:15 Uhr | 11:47 Uhr | 08:22 Uhr |
| Zeitdauer | 1 h 15 min | | | | |

**4** Unten sind die Hausaufgabenzeiten von Dennis aus der letzten Woche abgebildet.

**a)** Notiere die Daten in die Tabelle.

**b)** Wie viele Stunden hat Dennis in der letzten Woche insgesamt Hausaufgaben gemacht?

______

**c)** Wie viele Minuten hat Dennis im Schnitt pro Tag an seinen Hausaufgaben gesessen?

______

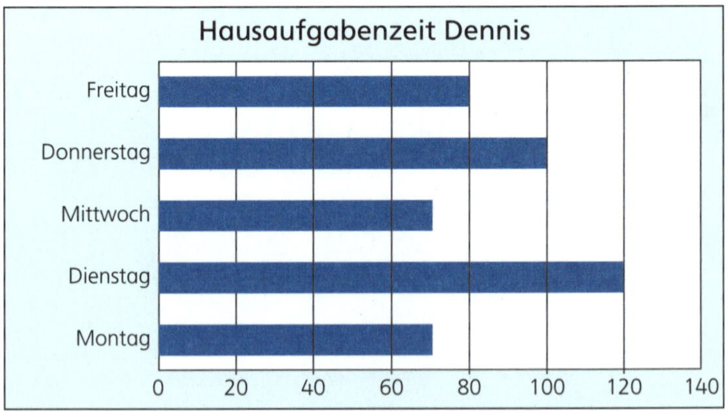


| Tag | Montag | Dienstag | Mittoch | Donnerstag | Freitag |
|---|---|---|---|---|---|
| Zeit in min | | | | | |
| Zeit in h und min | 1h 10min | | | | |

**1** Wandle in die angegebene Einheit um.

a) 4 min 20 s = ______ s b) 5 h 35 min = ______ min c) ½ Tag = ______ h
d) ½ h = ______ min e) ¼ h = ______ min f) 3½ h = ______ min
g) 120 h = ______ Tage h) 480 h = ______ Tage i) 3 Wochen = ______ h

**2** Fülle die leeren Felder in der Tabelle aus.

| | | | | | |
|---|---|---|---|---|---|
| Anfang | 10:20 Uhr | 12:47 Uhr | 13:05 Uhr | | |
| Ende | 04:00 Uhr | | | 08:46 Uhr | 03:20 Uhr |
| Zeitdauer | | 2 h 25 min | 4 h 47 min | 1 h 22 min | 7 h 33 min |

**3** Analena benötigt 3 Stunden und 10 Minuten, um zur Saalburg zu laufen. An der Saalburg schaut sie sich 1 Stunde und 5 Minuten um. Für den Rückweg benötigt sie die gleiche Zeit wie für den Hinweg. Um 17:30 Uhr ist Analena zu Hause. Wann ist sie von zu Hause losgelaufen?

______

______

**4** Die Sommerzeit eines jeden Jahres beginnt am letzten Sonntag im März. Wird die Uhr an diesem Tag um eine Stunde vor- oder zurückgestellt? Kreuze an.

☐ Vorgestellt ☐ Zurückgestellt

**5** Peter fährt mit seinem Fahrrad auf flacher Strecke mit einer Geschwindigkeit von 25 km/h.

a) Wie lange braucht Peter für eine 50 km lange Strecke? ______

b) Peter ist insgesamt 3,5 h ohne Steigung gefahren. Wie viele Kilometer hat er zurückgelegt?

______

**6** Stefan behauptet: „Ich habe eigentlich immer nur alle 4 Jahre Geburtstag, ich bin aber trotzdem so alt wie meine Klassenkameraden".

a) An welchem Datum hat Stefan Geburtstag? ______

b) Notiere die nächsten Schaltjahre. 2000, 2004, 2008 ______

c) Sind 10 Jahre immer genau 3650 Tage? Kreuze an.

☐ Ja ☐ Nein

d) Begründe deine Auswahl in c). ______

______

# Flächen und Umfang 1

Größen und Messen

**1** Wie viel Karokästchen passen in jede Figur? Notiere in der Tabelle.

a) 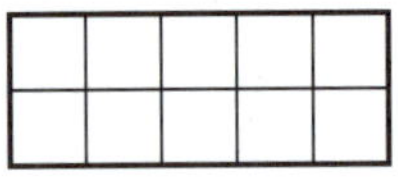

b) 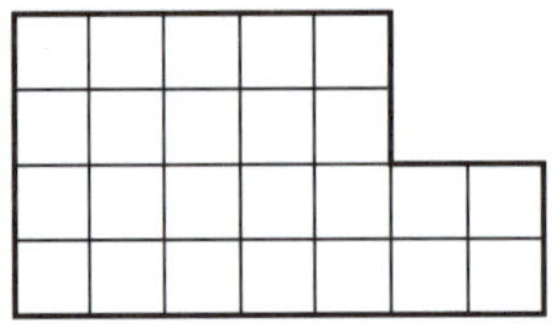

c) 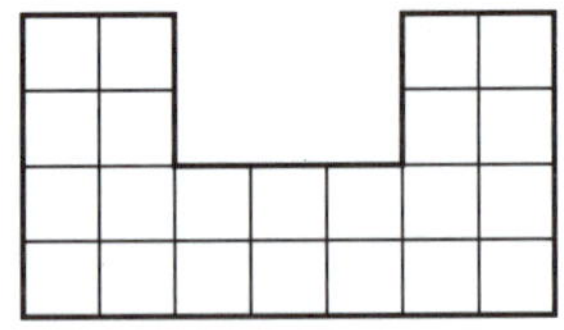

d) 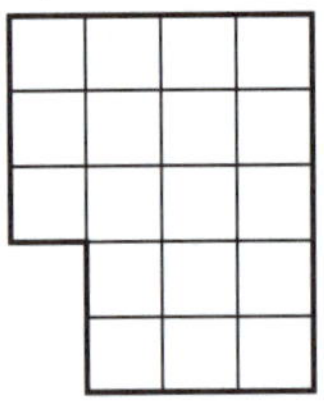

e) 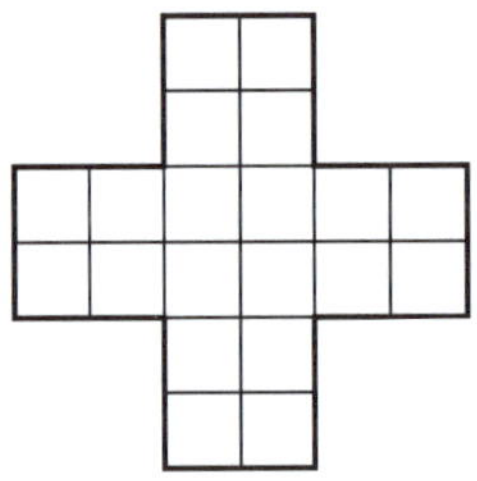

f) 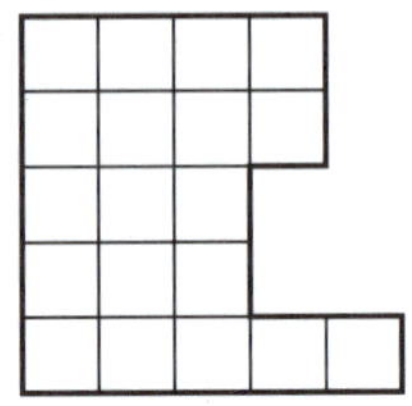

| Nummer | a) | b) | c) | d) | e) | f) |
|---|---|---|---|---|---|---|
| Anzahl Karos | | | | | | |

**2** Zeichne zwei unterschiedliche Figuren mit dem Flächeninhalt von 12 Quadratzentimetern.

**3** Bestimme den Umfang der Figuren.

a) 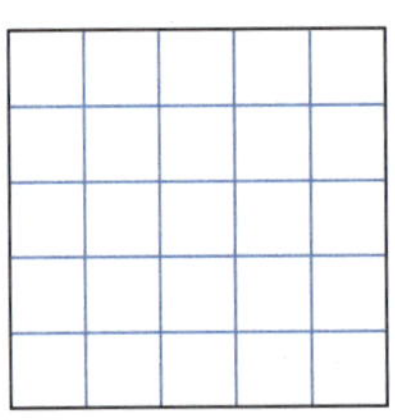

b) 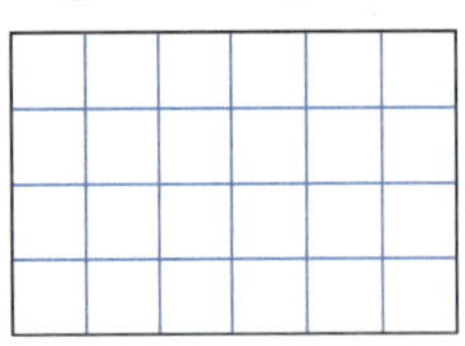

c) 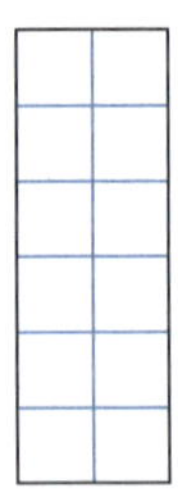

d) 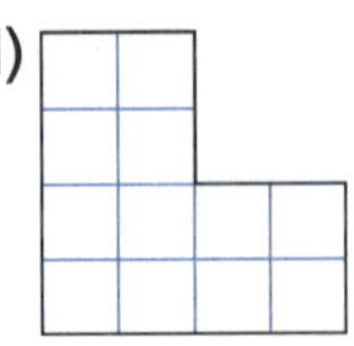

e) 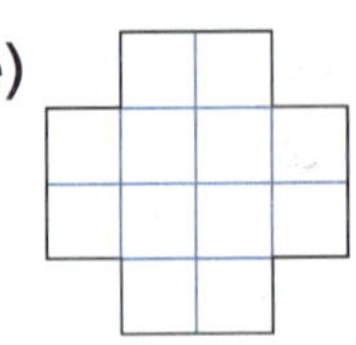

**4** Betrachte die Lösungen der Aufgabe 1a. Wie kann man den Flächeninhalt eines Rechtecks ohne Abzählen noch bestimmen?

**1** Bestimme den Flächeninhalt der Figuren mit Hilfe der Karokästchen. Welche hat den kleinsten Flächeninhalt? Kreise ein.

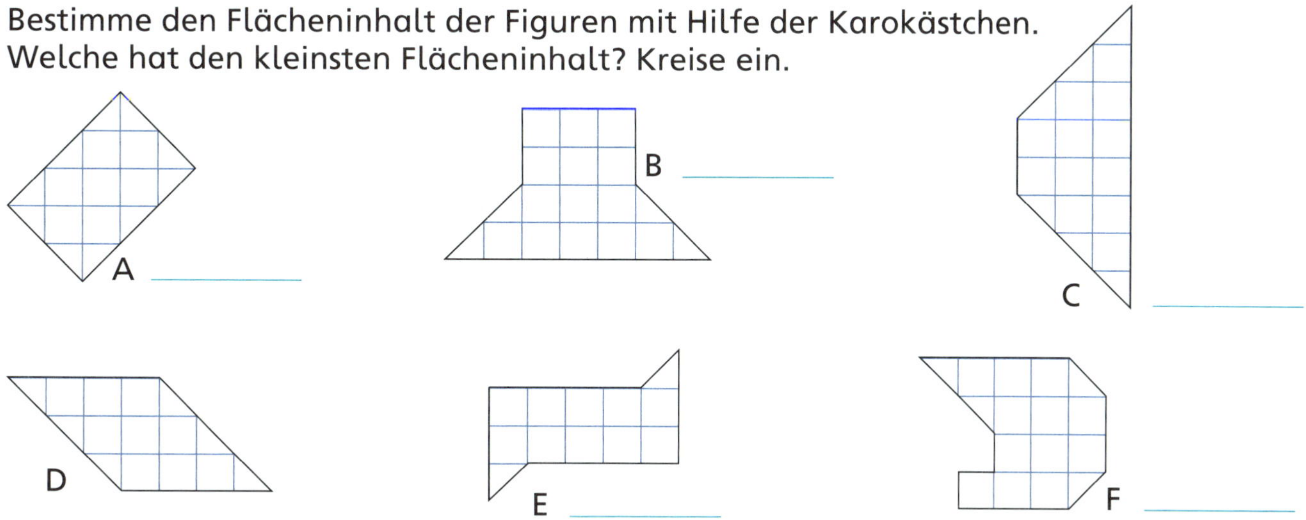


**2** Zeichne zwei unterschiedliche Rechtecke mit dem Umfang von 16 cm.

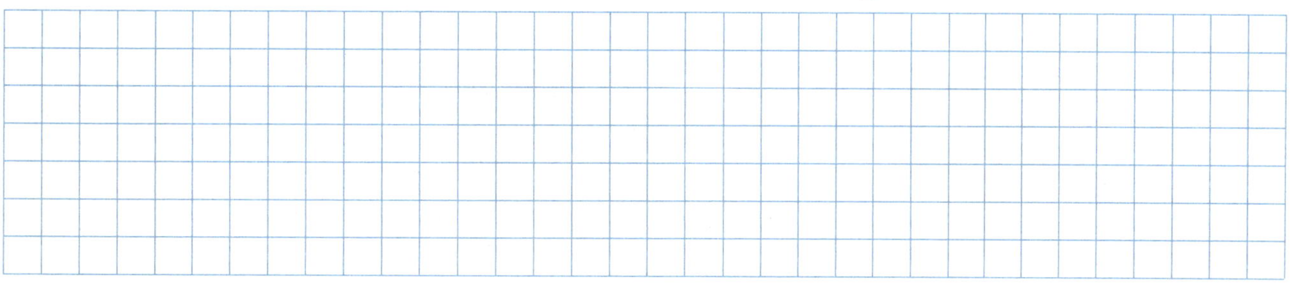

**3** Jonas möchte den Umfang des abgebildeten Rechtecks berechnen. Kreuze die richtige Rechnung an.

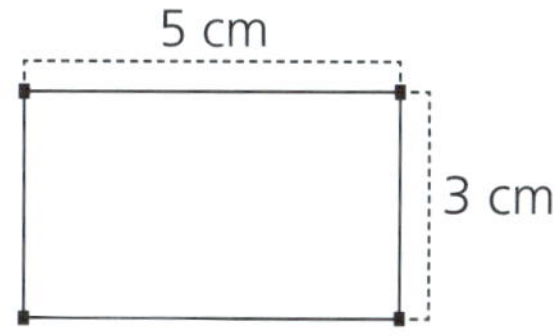


- ☐ 5 cm + 3 cm
- ☐ 5 cm · 3 cm
- ☐ 2 · 5 cm + 2 · 3 cm
- ☐ 5 cm + 3 cm + 3 cm

**4** Betrachte die beiden Figuren unten.

**a)** Welche der beiden Flächen ist größer? Kreuze an.

- ☐ Figur A
- ☐ Figur B
- ☐ Gleich groß

**b)** Begründe Deine Entscheidung

Figur A

Figur B

# Hohlmaße 1



**1** Wandle in die angegebene Einheit um.
Beachte: 1 000 ml = 1 l

a) 2 000 ml = ________ l
b) 5 000 ml = ________ l
c) 8 l = ________ ml
d) 20 l = ________ ml
e) 38 l = ________ ml
f) 400 000 ml = ________ l

**2** Ergänze zum nächsten vollen Liter:

a) 750 ml + 250 ml = 1 l
b) 450 ml + ________ = ________
c) 2 500 ml + ________ = ________
d) 11 228 ml + ________ = ________
e) 411 ml + ________ = ________
f) 13 479 ml + ________ = ________

**3** Berechne den Rauminhalt der Körper. Wie viele Zentimeterwürfel sind in den einzelnen Körpern?

a)

________

b)

________

c)

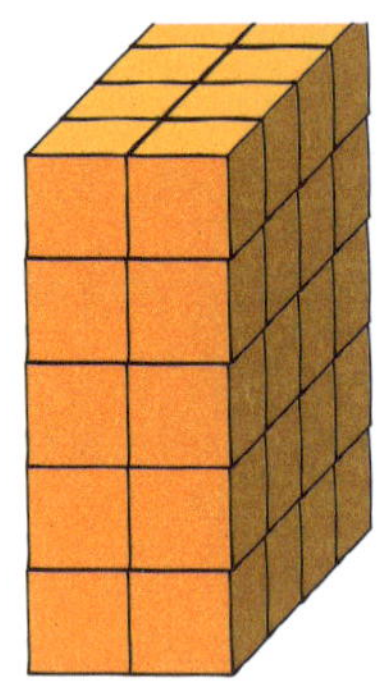

________

**4** Jeder Mensch verbraucht pro Tag etwa 140 l Wasser.

a) Wie viele 10-Liter-Eimer benötigt man für die 140 l Wasser? ________
b) Wie viel ml sind 140 l? ________
c) Nenne 3 Dinge, für die man täglich je mehr als 10 l Wasser verbraucht.

________

**5** Ordne den Gefäßen ihre Füllmenge zu.

1 l | 200 ml | 10 ml | 5 l | 10 l

**1** Wandle in die angegebene Einheit um.

a) ½ l = ______ ml b) ¼ l = ______ ml c) 3,45 l = ______ ml

d) 4 200 ml = ______ l e) 1,08 l = ______ ml f) 447 ml = ______ l

**2** Rechts ist ein Rezept für eine Bowle für 4 Personen abgebildet. Notiere die benötigten Mengen für 2 Personen, 8 Personen und 6 Personen in der Tabelle.

| | 2 Personen | 6 Personen | 8 Personen |
|---|---|---|---|
| Wasser | | | |
| Apfelsaft | | | |
| Bananensaft | | | |

**3** Berechne den Rauminhalt der Körper. Wie viele Zentimeterwürfel sind in den einzelnen Körpern?

a)  ______

b) 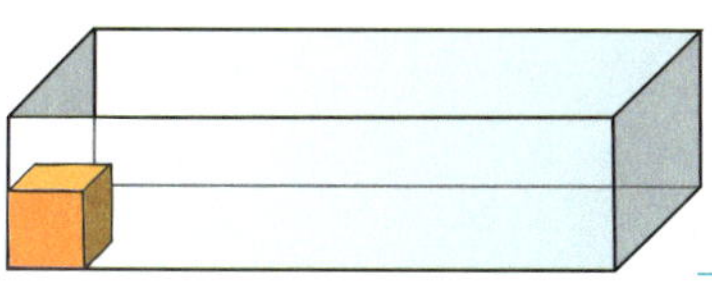 ______

c) 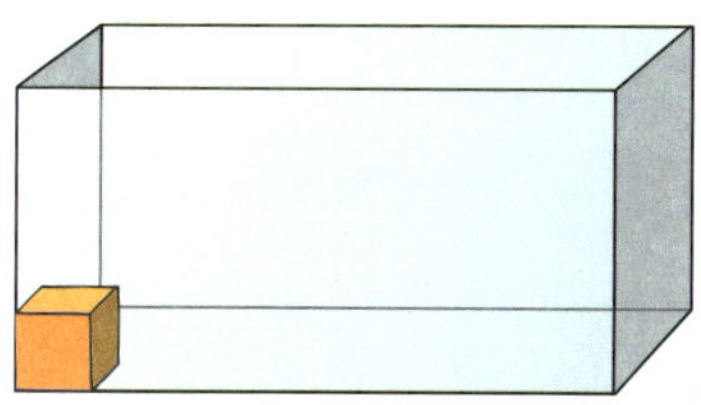 ______

**4** Betrachte das abgebildete Säulendiagramm.

a) Notiere die einzelnen Wassermengen in die Tabelle.

b) Wie viel Liter Wasser verbraucht Familie Euler am Tag insgesamt? ______

c) Wie viel Liter Wasser verbraucht Familie Euler in der Woche? ______

d) Wie viel Liter Wasser verbraucht Familie Euler im Jahr? ______

| Art | WC | Dusche | Zähne putzen | Hände waschen | Waschmaschine | Geschirrspüler |
|---|---|---|---|---|---|---|
| Volumen in l | | | | | | |

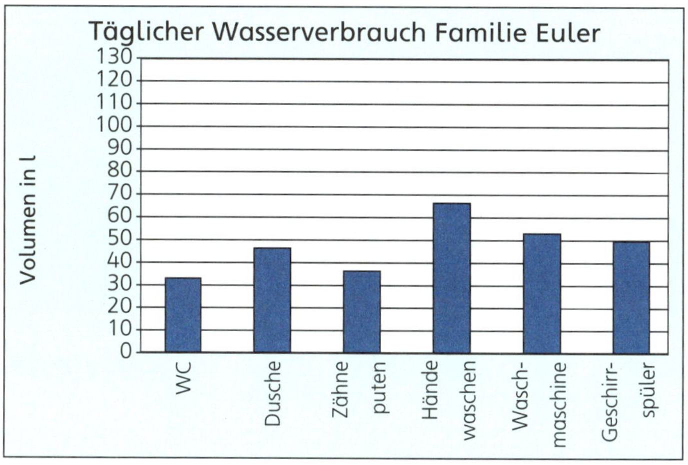

# Verschiedene Übungen

## Größen und Messen

**1** **Wandle in die angegebene Einheit um.**

| | | |
|---|---|---|
| a) 14 € = ______ ct | b) 3,68 € = ______ ct | c) 68 ct = ______ € |
| 4257 € = ______ ct | 24 m = ______ dm | 3 km = ______ m |
| 450 mm = ______ cm | 3,85 m = ______ cm | 17 mm = ______ cm |
| 3000 g = ______ kg | 12 t = ______ kg | 13 t = ______ kg |
| 3,64 kg = ______ g | 5 h = ______ min | 3 d = ______ h |
| ½ min = ______ s | ¼ h = ______ min | 3 l = ______ ml |
| 45000 ml = ______ l | 3,26 l = ______ ml | 0,54 l = ______ ml |

**2** **Herr Zimmer war auf Dienstreise von Frankfurt nach Kassel (einfache Strecke: 200 km). Für einen Kilometer erhält er 30 Cent Fahrtkosten erstattet. Wie viel € erhält Herr Zimmer am Ende der Reise von seiner Firma?**

______

**3** **Eine Pumpe schafft es in 30 Minuten 150 l Wasser zu befördern.**

**a)** Wie viel Liter Wasser schafft die Pumpe in 1 h (10 Minuten, 1 Minute)? ______

______

**b)** Das Planschbecken von Bernd fasst 180 l. Wie lange braucht die Pumpe, um das Becken zu füllen? ______

**4** **Betrachte die Abbildung rechts.**

**a)** Setze die beiden Muster entsprechend fort.

**b)** Berechne die Länge der beiden Gesamtstrecken. ______

**c)** Wie viel Zentimeter ist die eine Strecke länger als die andere?

______

______

A

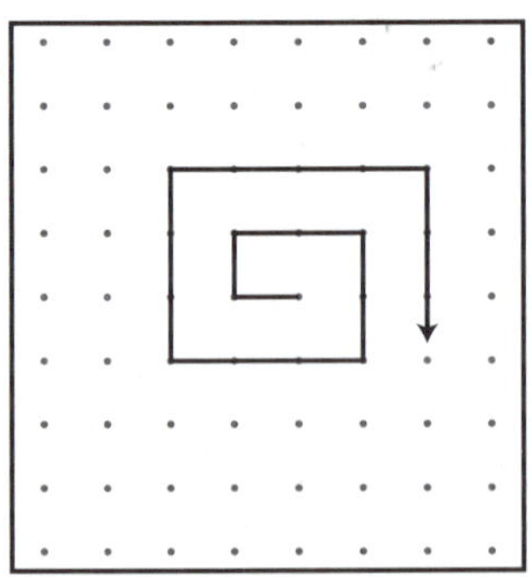

B

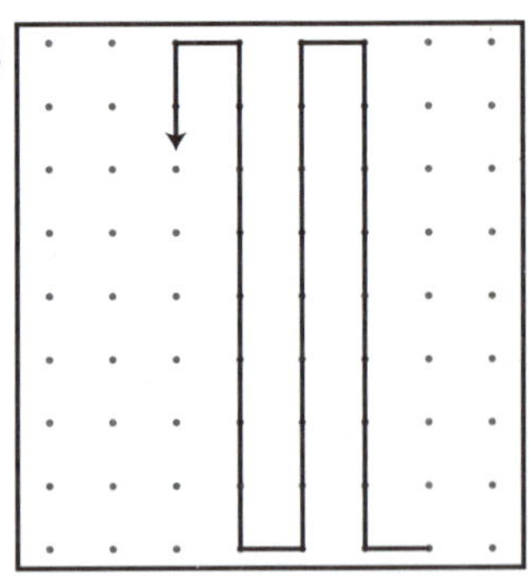

**5** **Das Fass hat ein Eigengewicht von 18 kg. 1 Liter Wasser wiegt etwa 1 kg. Wie schwer sind die abgebildeten Fässer?**

______ ______ ______ ______

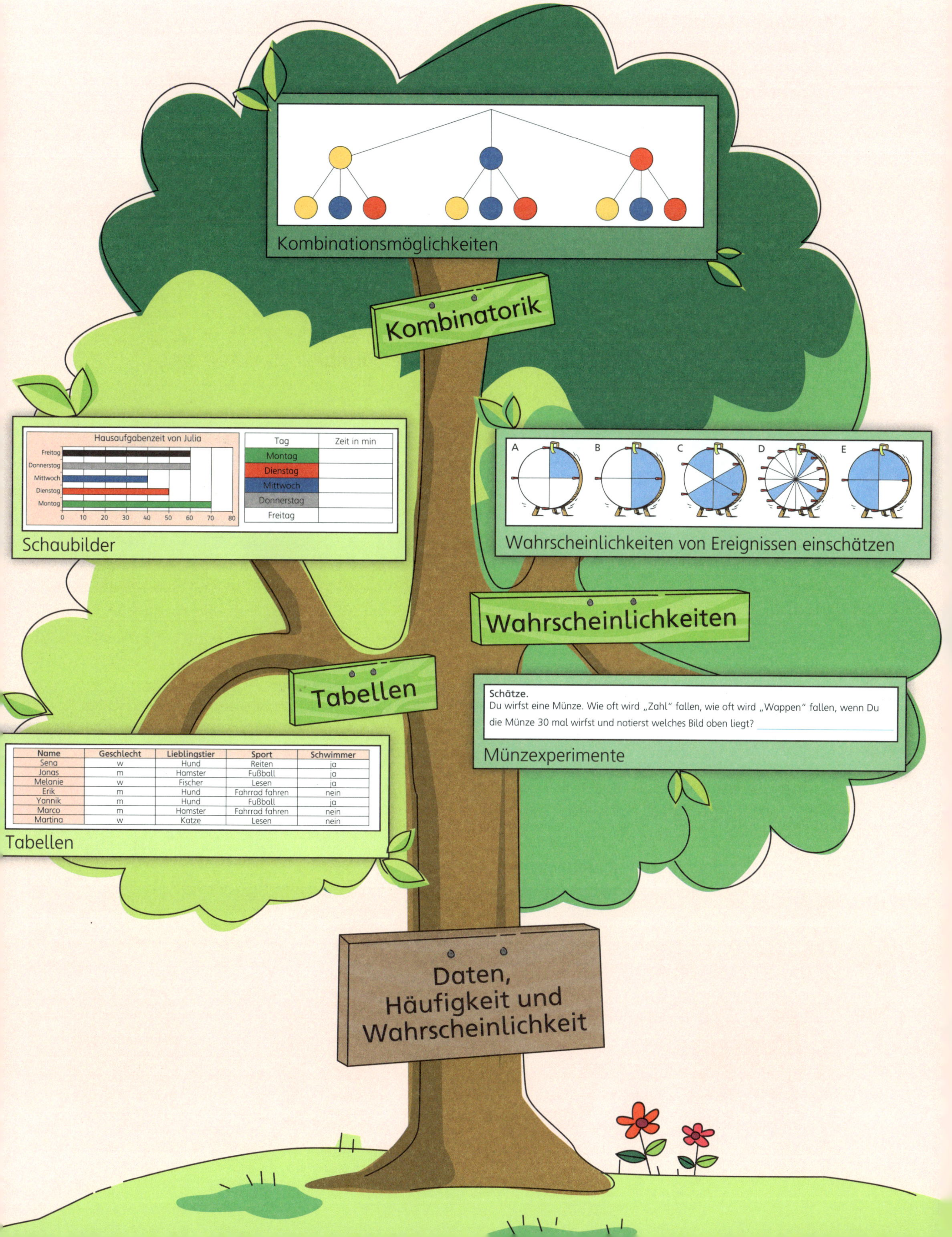


| Tag | Zeit in min |
|---|---|
| Montag | |
| Dienstag | |
| Mittwoch | |
| Donnerstag | |
| Freitag | |

| Name | Geschlecht | Lieblingstier | Sport | Schwimmer |
|---|---|---|---|---|
| Sena | w | Hund | Reiten | ja |
| Jonas | m | Hamster | Fußball | ja |
| Melanie | w | Fischer | Lesen | ja |
| Erik | m | Hund | Fahrrad fahren | nein |
| Yannik | m | Hund | Fußball | ja |
| Marco | m | Hamster | Fahrrad fahren | nein |
| Martina | w | Katze | Lesen | nein |

# Tabellen 1



**2** **Der Sänger „Seno" hat die einzelnen Zuschauerzahlen aus seinen letzten Auftritten notiert. Beantworte die entsprechenden Fragen.**

| | Frankfurt | Kassel | Bremen |
|---|---|---|---|
| Vordere Reihe | 398 | 458 | 492 |
| Mittlere Reihe | 401 | 542 | 600 |
| Hintere Reihe | 612 | 698 | 705 |

**a)** In welcher Stadt waren die meisten Zuschauer?

______________________________

**b)** Wie viele Zuschauer waren in etwa in jeder Stadt? Notiere.

| | Frankfurt | Kassel | Bremen |
|---|---|---|---|
| Zuschauer | | | |

**3** **Lies die Daten aus der Tabelle und fülle die leere Tabelle aus.**

| Name | Geschlecht | Lieblingstier | Sport | Schwimmer |
|---|---|---|---|---|
| Sena | w | Hund | Reiten | ja |
| Jonas | m | Hamster | Fußball | ja |
| Melanie | w | Fischer | Lesen | ja |
| Erik | m | Hund | Fahrrad fahren | nein |
| Yannik | m | Hund | Fußball | ja |
| Marco | m | Hamster | Fahrrad fahren | nein |
| Martina | w | Katze | Lesen | nein |

| | Geschlecht | | Schwimmer | | Sport | | | |
|---|---|---|---|---|---|---|---|---|
| | m | w | ja | nein | Reiten | Fußball | Lesen | Fahrrad |
| Anzahl | 4 | | | | | | | |

**4** **Betrachte den abgebildeten Busfahrplan und beantworte die Fragen.**

**a)** Toni muss 08:20 Uhr in Gelnhausen sein. Um wie viel Uhr muss er spätestens in Hungen losfahren? ______________________________

**b)** Steffi ist um 09:38 Uhr in Effolderbach angekommen. Um wie viel Uhr ist sie in Hungen losgefahren? ______________________________

**c)** Wie lange dauert die Fahrzeit von Gießen nach Gelnhausen? ______________________________

**Fahrplan Gießen – Gelnhausen**

| | | | | | | | |
|---|---|---|---|---|---|---|---|
| Gießen | 06:20 | 06:50 | 07:20 | 07:50 | 08:20 | 08:50 | 09:20 |
| Langsdorf | 06:30 | 07:00 | 07:30 | 08:00 | 08:30 | 09:00 | 09:30 |
| Hungen | 06:35 | 07:05 | 07:35 | 08:05 | 08:35 | 09:05 | 09:35 |
| Inheiden | 06:42 | 07:12 | 07:42 | 08:12 | 08:42 | 09:12 | 09:42 |
| Trais | 06:45 | 07:15 | 07:45 | 08:15 | 08:45 | 09:15 | 09:94 |
| Widdersheim | 06:55 | 07:25 | 07:55 | 08:25 | 08:55 | 09:25 | 09:55 |
| Bad Salzhausen | 06:59 | 07:29 | 07:59 | 08:29 | 08:59 | 09:29 | 09:59 |
| Nidda | 07:03 | 07:33 | 08:03 | 08:33 | 09:03 | 09:33 | 10:03 |
| Randstadt | 07:12 | 07:42 | 08:12 | 08:42 | 09:12 | 09:42 | 10:12 |
| Effolderbach | 07:18 | 07:38 | 08:18 | 08:38 | 09:18 | 09:38 | 10:18 |
| Stockheim | 07:22 | 07:52 | 08:22 | 08:52 | 09:22 | 09:52 | 10:22 |
| Gelnhausen | 07:35 | 08:05 | 08:35 | 09:05 | 09:35 | 10:05 | 10:35 |

# Tabellen 2

**1** **Unten siehst du die Ergebnisse einiger Spielpaarungen der Fußballbundesliga in der Saison 2007/2008. Beantworte die Fragen unter der Tabelle.**

| | Bayern München | Werder Bremen | Hamburger SV | Schalke 04 | Bayer Leverkusen | Hertha BSC Berlin | Borussia Dortmund | 1. FC Nürnberg | VfB Stuttgart | MSV Duisburg | Hansa Rostock | Hannover 96 | Arminia Bielefeld | Eintracht Frankfurt | VfL Wolfsburg |
|---|---|---|---|---|---|---|---|---|---|---|---|---|---|---|---|
| Bayern München | | 1:1 | 1:1 | 1:1 | 2:1 | 4:1 | 5:0 | 3:0 | 4:1 | 0:0 | 3:0 | 3:0 | 2:0 | 0:0 | 3:1 |
| Werder Bremen | 0:4 | | 2:1 | 5:1 | 5:2 | 3:2 | 2:0 | 2:0 | 4:1 | 1:2 | 1:0 | 6:1 | 8:1 | 2:1 | 0:1 |
| Hamburger SV | 1:1 | 0:1 | | 0:1 | 1:0 | 2:1 | 1:0 | 1:0 | 4:1 | 0:1 | 2:0 | 1:1 | 1:1 | 4:1 | 2:2 |
| Schalke 04 | 0:1 | 1:1 | 1:1 | | 1:1 | 1:0 | 4:1 | 2:1 | 4:1 | 2:1 | 1:0 | 1:1 | 3:0 | 1:0 | 1:2 |
| Bayer Leverkusen | 0:1 | 0:1 | 1:1 | 1:0 | | 1:2 | 2:2 | 4:1 | 3:0 | 4:1 | 3:0 | 2:0 | 4:0 | 0:2 | 2:2 |
| Hertha BSC Berlin | 0:0 | 1:2 | 0:0 | 1:2 | 0:3 | | 3:2 | 1:0 | 3:1 | 2:0 | 1:3 | 1:0 | 1:0 | 0:3 | 2:1 |
| Borussia Dortmund | 0:0 | 3:0 | 0:3 | 2:3 | 2:1 | 1:1 | | 0:0 | 3:2 | 1:3 | 1:0 | 1:3 | 6:1 | 1:1 | 2:4 |
| 1. FC Nürnberg | 1:1 | 0:1 | 0:0 | 0:2 | 1:2 | 2:1 | 2:0 | | 0:1 | 2:0 | 1:1 | 2:2 | 2:2 | 5:1 | 1:0 |
| VfB Stuttgart | 3:1 | 6:3 | 1:0 | 2:2 | 1:0 | 1:3 | 1:2 | 3:0 | | 1:0 | 4:1 | 0:2 | 2:2 | 4:1 | 3:1 |
| MSV Duisburg | 2:3 | 1:3 | 0:1 | 0:2 | 3:2 | 1:2 | 3:3 | 1:0 | 2:3 | | 1:1 | 1:1 | 3:0 | 0:1 | 1:3 |
| Hansa Rostock | 1:2 | 1:2 | 1:3 | 1:1 | 1:2 | 0:0 | 0:1 | 1:2 | 2:1 | 2:0 | | 0:3 | 1:1 | 1:0 | 0:1 |
| Hannover 96 | 0:3 | 4:3 | 0:1 | 2:3 | 0:3 | 2:2 | 2:1 | 2:1 | 0:0 | 2:1 | 3:0 | | 2:2 | 2:1 | 2:2 |
| Arminia Bielefeld | 0:1 | 1:1 | 0:1 | 0:2 | 1:0 | 2:0 | 2:2 | 3:1 | 2:0 | 0:2 | 4:2 | 0:2 | | 2:2 | 0:1 |
| Eintracht Frankfurt | 1:3 | 1:0 | 2:1 | 2:2 | 2:1 | 1:0 | 1:1 | 1:3 | 1:4 | 4:2 | 1:0 | 0:0 | 2:1 | | 2:3 |
| VfL Wolfsburg | 0:0 | 1:1 | 1:1 | 1:1 | 1:2 | 0:0 | 4:0 | 3:1 | 4:0 | 2:1 | 1:0 | 3:2 | 1:3 | 2:2 | |

a) Wie lautet das Ergebnis VFB Stuttgart gegen Borussia Dortmund?

Der VFB Stuttgart hat 1:2 gegen Dortmund verloren.

b) Wie lautet das Ergebnis VfB Stuttgart gegen Bayern München? ______

c) Wie spielte Hannover 96 gegen VfL Wolfsburg? ______

d) Wie oft gewann der Hamburger Sportverein gegen Hansa Rostock? ______

e) In welchem Spiel wurden die meisten Tore erziehlt? ______

**2** **Die drei Kinder haben folgende Leistungen bei den Bundesjugendspielen erzielt. Trage die Punkte in die Tabelle ein.**

| Name | 50 m-Lauf | Schlagball | Weitsprung | Punkte Gesamt |
|---|---|---|---|---|
| Evi | 10,1 s | 28 m | 2,65 m | |
| Loreen | 9,5 s | 22 m | 2,53 m | |
| Leoni | 9,8 s | 38 m | 2,57 m | |

Mädchen

| | | | | | | | | | | | | | | | | | | | | | | | | |
|---|---|---|---|---|---|---|---|---|---|---|---|---|---|---|---|---|---|---|---|---|---|---|---|---|
| 50 m | | | | | | | | | | | | | | | | | | | | | | | | |
| | 10,2 | 10,1 | 10,0 | 9,9 | 9,8 | 9,7 | 9,6 | 9,5 | 9,4 | 9,3 | 9,2 | 9,1 | 9,0 | 8,9 | 8,8 | 8,7 | 8,6 | 8,5 | 8,4 | 8,3 | 8,2 | 8,1 | 8,0 | 7,9 | 7,8 |
| | 172 | 179 | 187 | 194 | 201 | 209 | 217 | 225 | 233 | 241 | 249 | 258 | 267 | 276 | 285 | 294 | 304 | 314 | 324 | 334 | 344 | 355 | 366 | 377 | 389 |
| Schlagball 80 g | | | | | | | | | | | | | | | | | | | | | | | | |
| | 15,5 | 16,0 | 16,5 | 17,0 | 17,5 | 18,0 | 18,5 | 19,0 | 19,5 | 20,0 | 20,5 | 21,0 | 21,5 | 22,0 | 22,5 | 23,0 | 23,5 | 24,0 | 24,5 | 25,0 | 25,5 | 26,0 | 26,5 | 27 | 27,5 |
| | 218 | 226 | 233 | 240 | 247 | 253 | 260 | 267 | 273 | 280 | 266 | 292 | 299 | 305 | 311 | 317 | 323 | 329 | 334 | 340 | 346 | 351 | 357 | 363 | 368 |
| | 28,0 | 28,5 | 29,0 | 29,5 | 30,0 | 30,5 | 31,0 | 31,5 | 32,0 | 32,5 | 33,0 | 33,5 | 34,0 | 34,5 | 35,0 | 35,5 | 36,0 | 36,5 | 37,0 | 37,5 | 38,0 | 38,5 | 39,0 | 39,5 | 40,0 |
| | 373 | 379 | 384 | 389 | 395 | 400 | 405 | 410 | 415 | 420 | 425 | 430 | 435 | 440 | 445 | 450 | 455 | 459 | 464 | 469 | 473 | 478 | 483 | 487 | 492 |
| Weitsprung | | | | | | | | | | | | | | | | | | | | | | | | |
| | 2,13 | 2,17 | 2,21 | 2,26 | 2,29 | 2,33 | 2,37 | 2,41 | 2,45 | 2,49 | 2,53 | 2,57 | 2,61 | 2,65 | 2,69 | 2,73 | 2,77 | 2,81 | 2,85 | 2,89 | 2,93 | 2,97 | 3,01 | 3,05 | 3,09 |
| | 175 | 182 | 188 | 195 | 201 | 208 | 214 | 220 | 226 | 232 | 238 | 245 | 250 | 256 | 262 | 268 | 274 | 280 | 285 | 291 | 297 | 302 | 308 | 313 | 319 |

# Tabellen 3

Daten, Häufigkeit u. Wahrscheinlichkeit

**1** Fülle die Preise in der Tabelle aus.

| Süßigkeit | Anzahl | Preis |
|---|---|---|
| Lutscher | 2 | 20 ct |
| Kaugummi | 4 | |
| Tafel Schokolade | 5 | |
| Pack Bonbons | 10 | |

**2** Unten siehst du die einzelnen Preise der Pension „Traumurlaub“. Beantworte die Fragen.

| | Übernachtung mit Frühstück | Übernachtung mit Frühstück ( Preis pro Tag bei einem Mindestaufenthalt von 7 Tagen) | Zuschlag Mittagessen |
|---|---|---|---|
| Erwachsene | 21,00 € | 18,00 € | 8,00 € |
| Kinder (0–5 Jahre) | 11,00 € | 9,00 € | 8,00 € |
| Kinder/Jugendliche (6–17 Jahre) | 15,00 € | 12,00 € | 8,00 € |

a) Herr Meier möchte 3 Tage in der Pension übernachten und frühstücken. Wie viel Euro muss er bezahlen? ______

b) Familie Schmidt (2 Erwachsene, 1 Kind (3 Jahre)) möchte 6 Tage bleiben. Wie viel Euro muss sie für die Übernachtung, das Frühstück und das Mittagessen bezahlen?

______

c) Herr und Frau Schmidt bleiben 10 Tage zur Übernachtung und zum Frühstück. Wie viel Euro kostet der zehntägige Aufenthalt? ______

**3** Unten siehst du die Angaben für Frikadellen „Norwegische Art“. Fülle die leeren Felder in der Tabelle aus.

| Anzahl Personen | Hackfleisch | Zwiebeln | Schafskäse | Eier |
|---|---|---|---|---|
| 4 | 1 000 g | 4 | 400 g | 8 Stück |
| 2 | | | | |
| 8 | | | | |
| 6 | | | | |

**4** Ein Liter Benzin kostete im Mai 2008 1,50 €. Bernd hat den weiteren Literpreis in der Tabelle berechnet. Stimmt das?

______

| Menge in l | Preis pro Liter in € |
|---|---|
| 1 | 1,50 |
| 2 | 2,00 |

**1** Wie lange braucht Julia für die Hausaufgaben? Fülle die Tabelle aus.

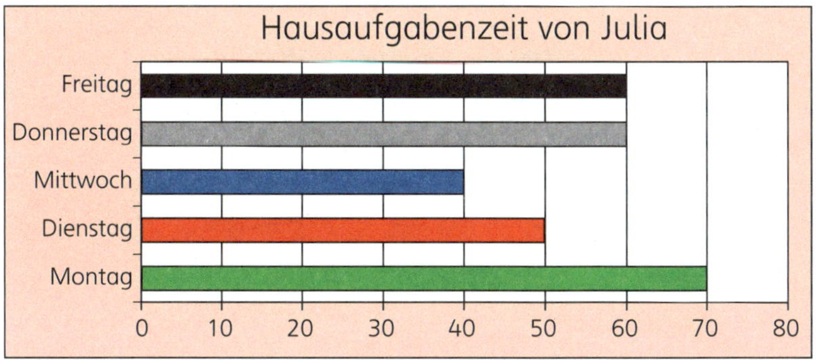


| Tag | Zeit in min |
|---|---|
| Montag | |
| Dienstag | |
| Mittwoch | |
| Donnerstag | |
| Freitag | |

**2** Im Diagramm stehen die gerundeteten Zuschauerzahlen einiger Fußballstadien.

a) Lies die gerundeten Werte und notiere in der Tabelle.

b) Trage die genauen Werte ebenfalls in die Tabelle ein.

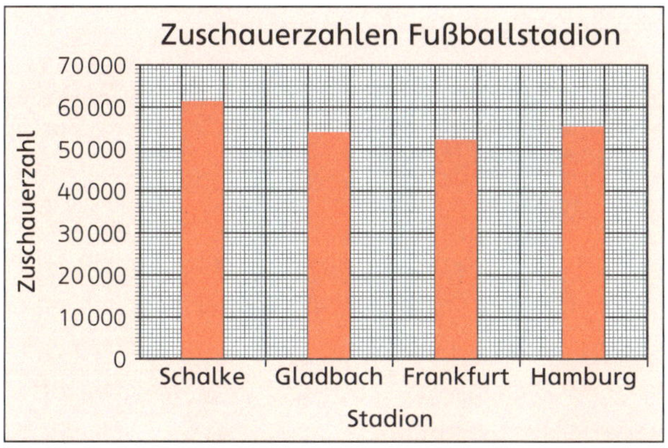


54 019 61 582 55 351 52 300

| Stadion | Gerundete Zuschauer-zahlen | Genaue Zuschauer-zahlen |
|---|---|---|
| Schalke | | |
| Gladbach | | |
| Frankfurt | | |
| Hamburg | | |

**3** Unten siehst du die verschiedenen Trainingsminuten von Jonas und Evi beim Fahrrad fahren. Lies die Werte aus dem Diagramm und notiere in der Tabelle.

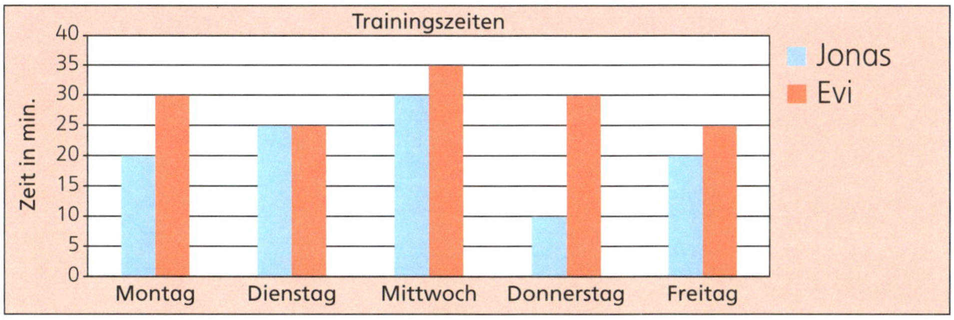


| Montag | | Dienstag | | Mittwoch | | Donnerstag | | Freitag | |
|---|---|---|---|---|---|---|---|---|---|
| Jonas | Evi | Jonas | Evi | Jonas | Evi | Jonas | Evi | Jonas | Evi |
| 20 | 30 | | | | | | | | |

# Diagramme erstellen



**1** Zeichne die Werte aus der Tabelle in das Säulendiagramm.

| | |
|---|---|
| Dusche | 110 l |
| Waschmaschine | 30 l |
| Geschirrspüler | 20 l |
| WC | 120 l |
| Hände waschen | 80 l |

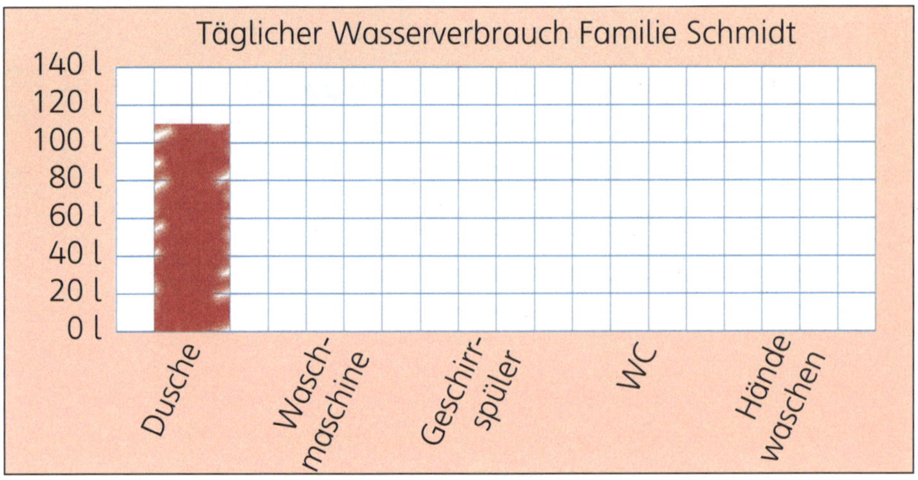


**2** Betrachte die Tabelle und notiere die Werte in das Balkendiagramm.

| Jahreszeit | Geburten |
|---|---|
| Frühjar | 65 |
| Sommer | 59 |
| Herbst | 70 |
| Winter | 85 |

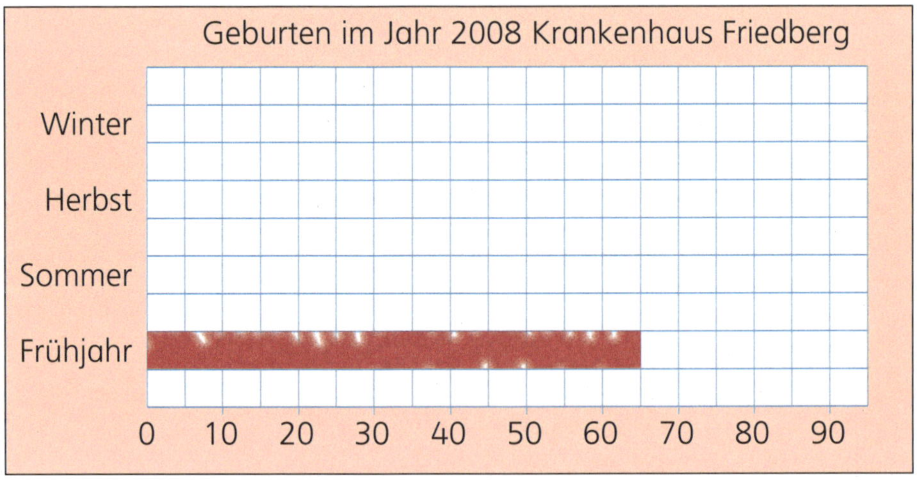


**3** Notiere die Ergebnisse aus der Tabelle in ein Säulendiagramm.

| Hobbies | Anzahl der Kinder |
|---|---|
| Fußball | 40 |
| Reiten | 20 |
| Lesen | 20 |
| Fahrrad fahren | 39 |
| Sonstiges | 28 |

**1** Verbinde das Diagramm mit der passenden Tabelle.

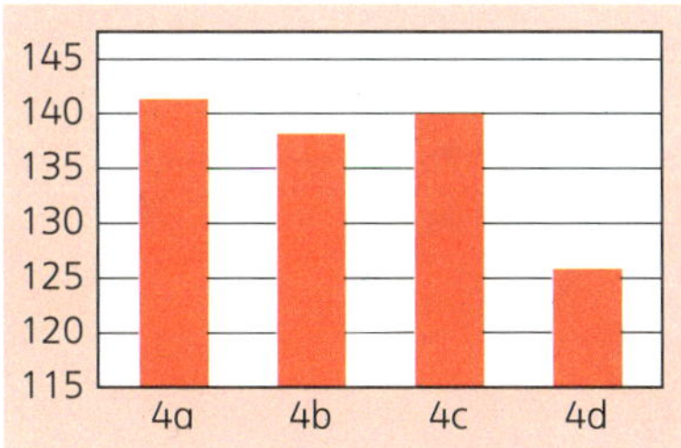


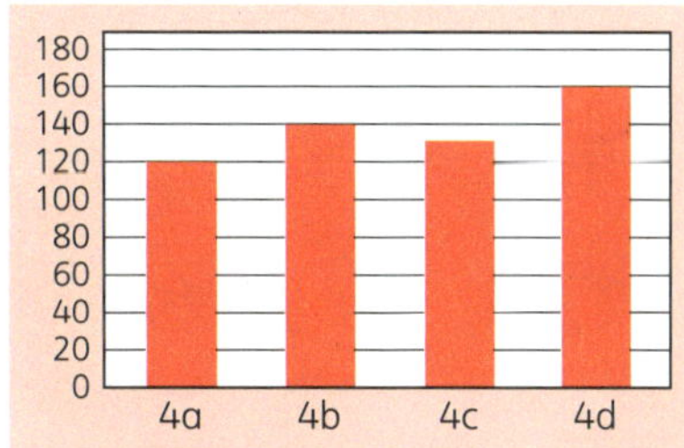


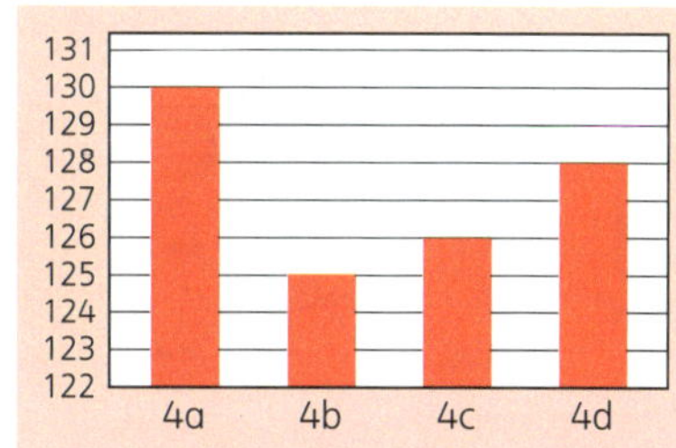

| Klasse | Geld in € |
|---|---|
| 4a | 120 |
| 4b | 140 |
| 4c | 130 |
| 4d | 160 |

| Klasse | Durchschnittliche Schülergröße |
|---|---|
| 4a | 130 cm |
| 4b | 125 cm |
| 4c | 126 cm |
| 4d | 128 cm |

| Klasse | Punkte bei der Schnitzeljagd |
|---|---|
| 4a | 142 |
| 4b | 138 |
| 4c | 140 |
| 4d | 126 |

**2** **Für ein spezielles Mixgetränk benötigt man insgesamt 4 l Flüssigkeit.**

a) Wie viel Liter Wasser werden für das Mixgetränk benötigt?

b) Wie viel Liter Limonade werden für das Mixgetränk benötigt?

c) Wie viel Liter Apfelsaft werden für das Mixgetränk benötigt?

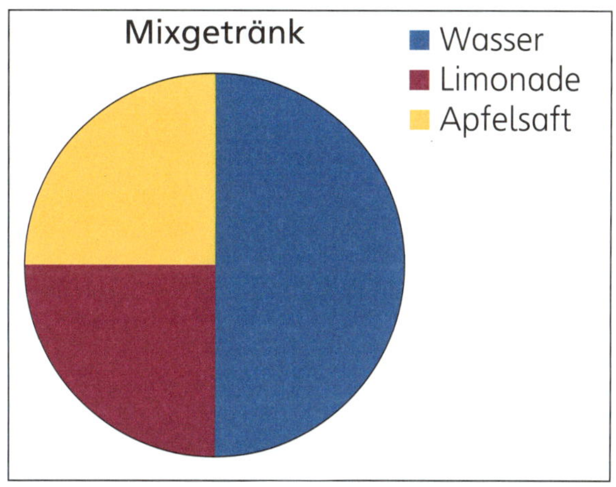


**3** **Welche Aussagen passen zum Diagramm? Kreuze an.**

- Peter war im Januar 120 cm groß
- Peter hat im Juni 124 € gespart
- Peter geht immer weiter die Treppe hinauf
- Peter ist innerhalb von 3 Monaten um 6 cm gewachsen
- Peter ist innerhalb von 3 Monaten um 3 cm gewachsen

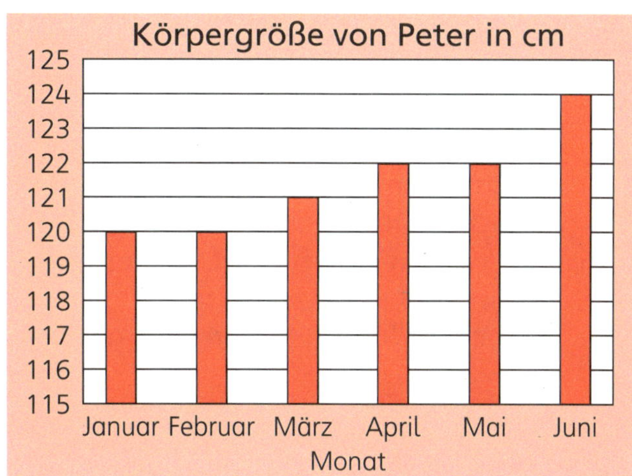

Daten, Häufigkeit u. Wahrscheinlichkeit

**1** **Beim Glücksrad gewinnt man, wenn die Farbe „rot“ gedreht wird.**
**Sortiere die Glücksräder von der schlechtesten bis zur besten Gewinnchance.**

A B C D E

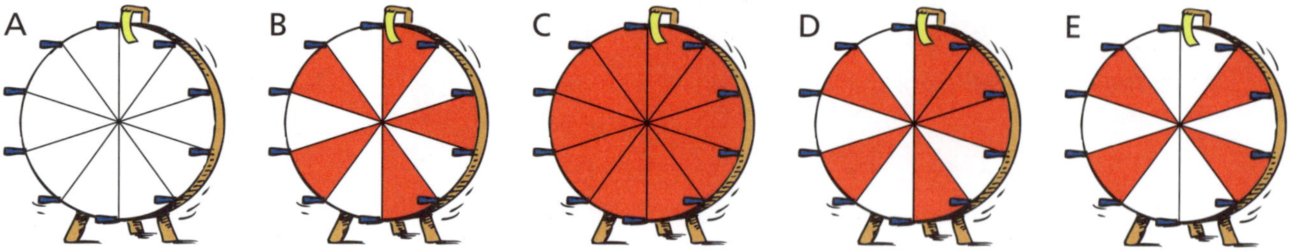

______________________________

**2** **Beim Glücksrad gewinnt man, wenn die Farbe „blau“ gedreht wird.**

A B C D E

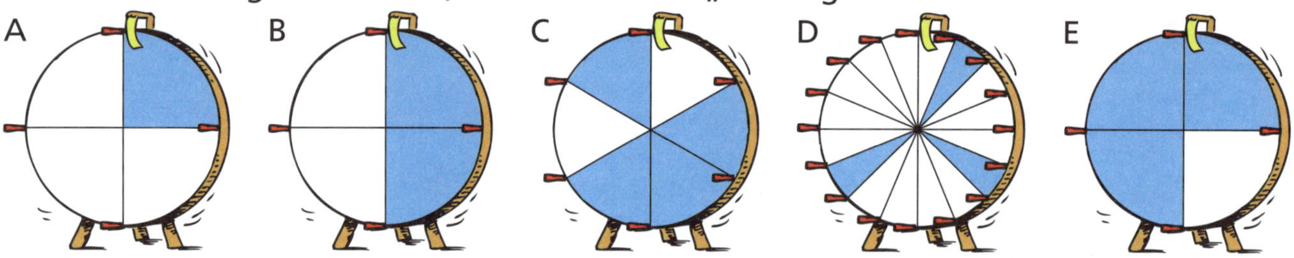

**a)** Bei welchem Glücksrad hast du die geringsten Gewinnchancen? ____________

**b)** Bei welchem Glücksrad würdest du drehen? ____________

**3** **Schätze.**
Du wirfst eine Münze. Wie oft wird „Zahl“ fallen, wie oft wird „Wappen“ fallen, wenn Du die Münze 30 mal wirfst und notierst welches Bild oben liegt? ____________

**4** **Du hast drei Beutel mit 10 Kugeln.**
Wie oft musst du in jeden Beutel blind greifen, um auf jeden Fall eine blaue Kugel zu erwischen?

| A | B | A |
|---|---|---|
| 9 gelbe<br>1 blaue | 1 gelbe<br>9 blaue | 5 gelbe<br>5 blaue |

Beutel A: ____________ Beutel B: ____________ Beutel C: ____________

**5** **Jeremias möchte gerne ein blaues Bonbon essen.**
**In jeder Tüte sind unterschiedlich viele Bonbons.**
**Aus welcher Tüte zieht er eher ein blaues Bonbon, wenn er blind reingreift.**

A: 6 gelbe
1 blaues

B: 1 gelbes
1 blaues

**a)** Welche Tüte sollte Jeremias nehmen? Kreuze an.

☐ Tüte A ☐ Tüte B

**b)** Begründe deine Entscheidung.

______________________________

______________________________

**2** **Tobi würfelt mit zwei Würfeln gleichzeitig.**

a) Notiere die möglichen Augensummen, die Jan würfeln kann, in der Tabelle.

| | ⚀ | ⚁ | ⚂ | ⚃ | ⚄ | ⚅ |
|---|---|---|---|---|---|---|
| ⚀ | 2 | 3 | | | | |
| ⚁ | | | | | | |
| ⚂ | | | | | | |
| ⚃ | | | | | | |
| ⚄ | | | | | | |
| ⚅ | | | | | | |

b) Wie viele verschiedene Möglichkeiten gibt es?

______________________

c) Wie viele verschiedene Augensummen gibt es?

______________________

d) Wenn Tobi 100 mal mit zwei Würfeln würfelt, welche Augensumme würde deiner Meinung nach am wenigsten Fallen? Begründe deine Entscheidung.

______________________

______________________

**3** **In einer Schale befinden sich eine rote, eine blaue, eine grüne und eine gelbe Kugel. Du ziehst zwei mal ohne die gezogene Kugel wieder zurückzulegen.**

a) Notiere 2 mögliche Ergebnisse. ______________________

b) Wie viele verschiedene Möglichkeiten der Versuchsausgänge gibt es insgesamt?

______________________

______________________

**4** **In einer Schale befinden sich eine rote, eine blaue und eine gelbe Kugel. Du ziehst zwei mal hintereinander. Nach jedem Ziehen legst du die Kugel wieder zurück in die Schale. Beantworte die Fragen. Tipp: die untere Abbildung hilft dir.**

a) Wie viele verschiedene Möglichkeiten der Versuchsausgänge gibt es insgsamt?

______________________

b) Wie viele Möglichkeiten gibt es, dass gleiche Kugelfarben gezogen werden?

______________________

c) Wie viele Möglichkeiten gibt es, dass ungleiche Kugelfarben gezogen werden?

______________________

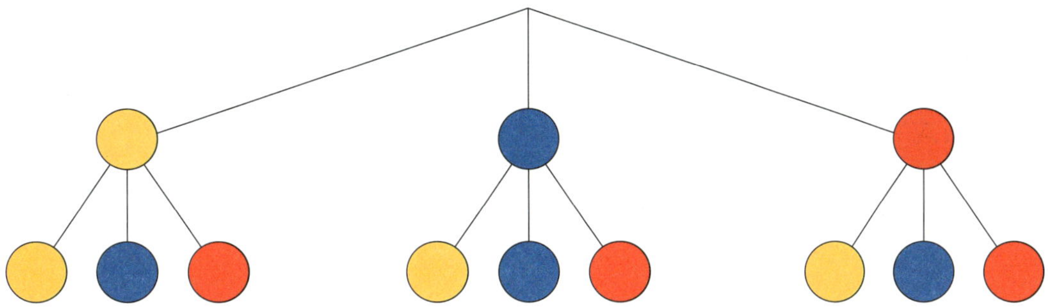

# Lerntagebuch

## Zahlen und Operationen

| Seite | Punkte | Dein Bild | Datum | miniLÜK |
|---|---|---|---|---|
| 2 | 0 bis 6<br>7 bis 12<br>mehr als 12 | | ___.___.______ | |
| 3 | 0 bis 5<br>6 bis 10<br>mehr als 10 | | ___.___.______ | ⇨ Seite 2 |
| 4 | 0 bis 6<br>7 bis 12<br>mehr als 12 | | ___.___.______ | ⇨ Seite 2 |
| 5 | 0 bis 4<br>5 bis 8<br>mehr als 8 | | ___.___.______ | ⇨ Seite 3 |
| 6 | 0 bis 3<br>4 bis 6<br>mehr als 6 | | ___.___.______ | |
| 7 | 0 bis 6<br>7 bis 12<br>mehr als 12 | | ___.___.______ | ⇨ Seite 4 |
| 8 | 0 bis 7<br>8 bis 14<br>mehr als 14 | | ___.___.______ | ⇨ Seite 4 |
| 9 | 0 bis 8<br>9 bis 16<br>mehr als 16 | | ___.___.______ | |
| 10 | 0 bis 8<br>9 bis 16<br>mehr als 16 | | ___.___.______ | ⇨ Seite 4 |
| 11 | 0 bis 4<br>5 bis 8<br>mehr als 8 | | ___.___.______ | |

| Seite | Punkte | Dein Bild | Datum | miniLÜK |
|---|---|---|---|---|
| 12 | 0 bis 7<br>8 bis 14<br>mehr als 14 | | ___.___.______ | ⇨ Seite 6 |
| 13 | 0 bis 7<br>8 bis 14<br>mehr als 14 | | ___.___.______ | |
| 14 | 0 bis 6<br>7 bis 12<br>mehr als 12 | | ___.___.______ | |
| 15 | 0 bis 5<br>6 bis 10<br>mehr als 10 | | ___.___.______ | |
| 16 | 0 bis 6<br>7 bis 12<br>mehr als 12 | | ___.___.______ | |
| 17 | 0 bis 5<br>6 bis 10<br>mehr als 10 | | ___.___.______ | ⇨ Seite 5 |
| 18 | 0 bis 6<br>7 bis 12<br>mehr als 12 | | ___.___.______ | |
| 19 | 0 bis 5<br>6 bis 10<br>mehr als 10 | | ___.___.______ | |
| 20 | 0 bis 4<br>5 bis 8<br>mehr als 8 | | ___.___.______ | ⇨ Seite 6 |
| 21 | 0 bis 5<br>6 bis 10<br>mehr als 10 | | ___.___.______ | ⇨ Seite 6 |

# Lerntagebuch

## Zahlen und Operationen

| Seite | Punkte | Dein Bild | Datum | miniLÜK |
|---|---|---|---|---|
| 22 | 0 bis 6<br>7 bis 12<br>mehr als 12 | | ____.____.______ | ⇨ Seite 6 |
| 23 | 0 bis 4<br>5 bis 8<br>mehr als 8 | | ____.____.______ | |
| 24 | 0 bis 4<br>5 bis 8<br>mehr als 8 | | ____.____.______ | ⇨ Seite 6 |
| 25 | 0 bis 3<br>4 bis 6<br>mehr als 6 | | ____.____.______ | |
| 26 | 0 bis 4<br>5 bis 8<br>mehr als 8 | | ____.____.______ | |
| 27 | 0 bis 3<br>4 bis 6<br>mehr als 6 | | ____.____.______ | ⇨ Seite 8 |
| 28 | 0 bis 5<br>6 bis 10<br>mehr als 10 | | ____.____.______ | ⇨ Seite 8 |
| 29 | 0 bis 6<br>7 bis 12<br>mehr als 12 | | ____.____.______ | |
| 30 | 0 bis 7<br>8 bis 14<br>mehr als 14 | | ____.____.______ | |
| 31 | 0 bis 5<br>6 bis 10<br>mehr als 10 | | ____.____.______ | |

| Seite | Punkte | Dein Bild | Datum | miniLÜK |
|---|---|---|---|---|
| 32 | 0 bis 8<br>9 bis 16<br>mehr als 16 | | ___.___.___ | ⇨ Seite 9 |
| 33 | 0 bis 10<br>11 bis 20<br>mehr als 20 | | ___.___.___ | |
| 34 | 0 bis 7<br>8 bis 14<br>mehr als 14 | | ___.___.___ | ⇨ Seite 10 |
| 35 | 0 bis 4<br>5 bis 8<br>mehr als 8 | | ___.___.___ | |
| 36 | 0 bis 5<br>6 bis 10<br>mehr als 10 | | ___.___.___ | ⇨ Seite 11 |

# Lerntagebuch

## Raum und Form

| Seite | Punkte | Dein Bild | Datum | miniLÜK |
|---|---|---|---|---|
| 2 | 0 bis 4<br>5 bis 8<br>mehr als 8 | | | |
| 3 | 0 bis 3<br>4 bis 6<br>mehr als 6 | | | |
| 4 | 0 bis 4<br>5 bis 8<br>mehr als 8 | | | ⇨ Seite 12 |
| 5 | 0 bis 5<br>6 bis 10<br>mehr als 10 | | | |
| 6 | 0 bis 3<br>4 bis 6<br>mehr als 6 | | | ⇨ Seiten 12, 13 |
| 7 | 0 bis 5<br>6 bis 10<br>mehr als 10 | | | ⇨ Seiten 14, 16 |
| 8 | 0 bis 5<br>6 bis 10<br>mehr als 10 | | | |
| 9 | 0 bis 4<br>5 bis 8<br>mehr als 8 | | | ⇨ Seite 17 |
| 10 | 0 bis 5<br>6 bis 10<br>mehr als 10 | | | |

Muster und Strukturen | Größen und Messen

| Seite | Punkte | Dein Bild | Datum | miniLÜK |
|---|---|---|---|---|
| 2 | 0 bis 4<br>5 bis 8<br>mehr als 8 | | ___.___.______ | ⇨ Seite 18 |
| 3 | 0 bis 3<br>4 bis 6<br>mehr als 6 | | ___.___.______ | |
| 4 | 0 bis 4<br>5 bis 8<br>mehr als 8 | | ___.___.______ | ⇨ Seite 20 |
| 5 | 0 bis 2<br>3 bis 4<br>mehr als 4 | | ___.___.______ | |
| 6 | 0 bis 6<br>7 bis 12<br>mehr als 12 | | ___.___.______ | ⇨ Seite 22 |
| 7 | 0 bis 4<br>5 bis 8<br>mehr als 8 | | ___.___.______ | |
| 8 | 0 bis 3<br>4 bis 6<br>mehr als 6 | | ___.___.______ | |
| 2 | 0 bis 9<br>10 bis 18<br>mehr als 18 | | ___.___.______ | ⇨ Seite 23 |
| 3 | 0 bis 5<br>6 bis 10<br>mehr als 10 | | ___.___.______ | ⇨ Seite 24 |
| 4 | 0 bis 6<br>7 bis 12<br>mehr als 12 | | ___.___.______ | ⇨ Seite 24 |

# Lerntagebuch

Größen und Messen

| Seite | Punkte | Dein Bild | Datum | miniLÜK |
|---|---|---|---|---|
| 5 | 0 bis 7<br>8 bis 14<br>mehr als 14 | | __.__.____ | ⇨ Seite 25 |
| 6 | 0 bis 7<br>8 bis 14<br>mehr als 14 | | __.__.____ | ⇨ Seite 26 |
| 7 | 0 bis 4<br>5 bis 8<br>mehr als 8 | | __.__.____ | ⇨ Seite 26 |
| 8 | 0 bis 5<br>6 bis 10<br>mehr als 10 | | __.__.____ | ⇨ Seite 27 |
| 9 | 0 bis 6<br>7 bis 12<br>mehr als 12 | | __.__.____ | ⇨ Seite 27 |
| 10 | 0 bis 5<br>6 bis 10<br>mehr als 10 | | __.__.____ | |
| 11 | 0 bis 4<br>5 bis 8<br>mehr als 8 | | __.__.____ | ⇨ Seite 28 |
| 12 | 0 bis 8<br>9 bis 16<br>mehr als 16 | | __.__.____ | ⇨ Seite 26 |
| 13 | 0 bis 5<br>6 bis 10<br>mehr als 10 | | __.__.____ | ⇨ Seite 26 |
| 14 | 0 bis 4<br>5 bis 8<br>mehr als 8 | | __.__.____ | |

Daten, Häufigkeit und Wahrscheinlichkeit

| Seite | Punkte | Dein Bild | Datum | miniLÜK |
|---|---|---|---|---|
| 2 | 0 bis 3 😐<br>4 bis 6 🙂<br>mehr als 6 😊 | | __.__.____ | ⇨ Seite 30 |
| 3 | 0 bis 3 😐<br>4 bis 6 🙂<br>mehr als 6 😊 | | __.__.____ | |
| 4 | 0 bis 4 😐<br>5 bis 8 🙂<br>mehr als 8 😊 | | __.__.____ | |
| 5 | 0 bis 5 😐<br>6 bis 10 🙂<br>mehr als 10 😊 | | __.__.____ | ⇨ Seite 31 |
| 6 | 0 bis 4 😐<br>5 bis 8 🙂<br>mehr als 8 😊 | | __.__.____ | |
| 7 | 0 bis 3 😐<br>4 bis 6 🙂<br>mehr als 6 😊 | | __.__.____ | |
| 8 | 0 bis 5 😐<br>6 bis 10 🙂<br>mehr als 10 😊 | | __.__.____ | |
| 9 | 0 bis 3 😐<br>4 bis 6 🙂<br>mehr als 6 😊 | | __.__.____ | ⇨ Seite 32 |

1 Wie viele Kekse sind es jeweils?

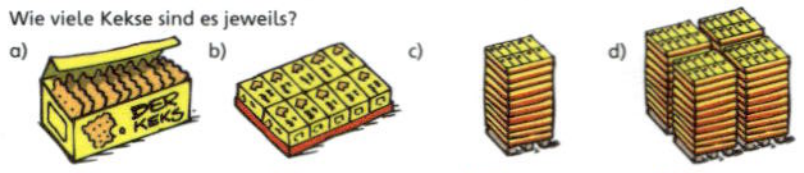


a) 10 Kekse b) 100 Kekse c) 1000 Kekse d) 4000 Kekse

2 Wie viele Perlen zum Fädeln sind es in den Packungen etwa?

etwa 35 000 Perlen

3 Schreibe die Zahlen in Ziffern.

vierhunderttausend: 400 000 vierhundertzwanzigtausend: 420 000
fünfzehntausendeins: 15 001 einhunderttausendvierhundertzwölf: 100 412

4 Schreibe die Zahlen in Worten:

33 000: dreiunddreißigtausend 320 003: dreihundertzwanzigtausenddrei
700 000: siebenhunderttausend 38 050: achtunddreißigtausendfünzig

5 Bilde mit den Zahlwortkarten verschiedene sechsstellige Zahlen. Schreibe als Zahlwort und als Ziffer. (Tipp: Du kannst die Karten auch mehrmals verwenden!)

sieben – und – sechzig – hundert – achtzig – zwanzig – tausend – drei – neunzig – dreizehn – neunzehn

1. siebenhunderttausenddrei = 700 003
2. siebenhunderttausendreiundsechzig = 700 063
3. siebenhundertachtzigtausendsiebenhundertsieben = 780 707
4. dreihunderttausenddreiundneunzig = 300 093
5. dreihundertzwanzigtausendneunzehn = 320 019
6. dreihundertdreiundsechzigtausend = 363 000
7. dreihunderttausenddreizehn = 300 013

weitere Lösungen möglich




1 Wie heißen die Zahlen?

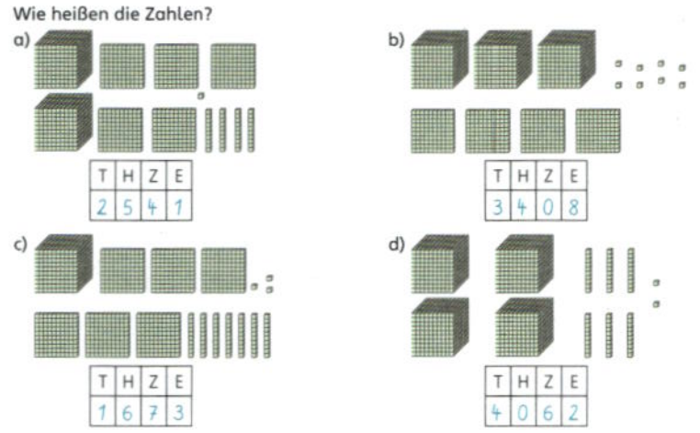

| | T | H | Z | E |
|---|---|---|---|---|
| a) | 2 | 5 | 4 | 1 |
| b) | 3 | 4 | 0 | 8 |
| c) | 1 | 6 | 7 | 3 |
| d) | 4 | 0 | 6 | 2 |

2 Schreibe Vorgänger (V) und Nachfolger (N) auf.

| | a) | b) | c) | d) | e) |
|---|---|---|---|---|---|
| V: | 2537 | 5950 | 4878 | 5398 | 9639 |
| | 2538 | 5951 | 4879 | 5399 | 9640 |
| N: | 2539 | 5952 | 4880 | 5400 | 9641 |

3 Wie heißen die Nachbarzahlen (N), Nachbarzehner (NZ) und Nachbartausender (NT)?

| NT | NZ | N | Zahl | N | NZ | NT |
|---|---|---|---|---|---|---|
| 1000 | 1760 | 1761 | 1762 | 1763 | 1770 | 2000 |
| 3000 | 3920 | 3926 | 3927 | 3928 | 3930 | 4000 |
| 6000 | 6200 | 6203 | 6204 | 6205 | 6210 | 7000 |
| 8000 | 8090 | 8093 | 8094 | 8095 | 8100 | 9000 |
| 7000 | 7290 | 7291 | 7292 | 7293 | 7300 | 8000 |

4 Luca würfelt mit fünf Würfeln die Zahlen 3, 5, 3, 6, 1.

a) Wie heißt die größte fünfstellige Zahl, die er mit den Augenzahlen bilden kann? 65 331

b) Wie heißt die kleinste fünfstellige Zahl, die er mit den Augenzahlen bilden kann? 13 356




1 Beschrifte die Stellenwerttafel in Aufgabe 2 und 3.

Tausender (T) – Hunderter (H) – Einer (E) – Million (M) – Zehntausender (ZT) – Zehner (Z) – Hunderttausender (HT)

2 Beantworte die folgenden Fragen.

a) Welche Zahl ist in der Stellenwerttafel dargestellt? 631 549

| HT | ZT | T | H | Z | E |
|---|---|---|---|---|---|
| ●●●●●● | ●●● | ● | ●●●●● | ●●●● | ●●●●●●●●● |

b) Verschiebe ein Plättchen von der Tausenderstelle an die Einerstelle.
Wie heißt die Zahl? 630 550

3 Welche Zahlen sind in der Stellenwerttafel dargestellt? Schreibe diese in Ziffern.

1. 479 003 2. 148 953 3. 808 005

| M | HT | ZT | T | H | Z | E | |
|---|---|---|---|---|---|---|---|
| | 4 | 7 | 9 | 0 | 0 | 3 | 400 000 + 70 000 + 9000 + 3 |
| | 1 | 4 | 8 | 9 | 5 | 3 | 100 00 + 40 000 + 8 000 + 900 + 50 + 3 |
| | 8 | 0 | 8 | 0 | 0 | 5 | 800 000 + 8 000 + 5 |
| | 8 | 7 | 3 | 0 | 8 | 4 | 800 000 + 70 000 + 3 000 + 80 + 4 |
| | 4 | 0 | 0 | 2 | 0 | 4 | 400 000 + 200 + 4 |
| | 6 | 5 | 0 | 8 | 6 | 3 | 600 000 + 50 000 + 800 + 60 + 3 |
| 1 | 0 | 6 | 0 | 9 | 0 | 9 | 1 000 000 + 60 000 + 900 + 9 |

4 Schreibe die Zahlen in die Stellenwerttafel in Aufgabe 3 und zerlege sie.

1. 873 084 2. vierhunderttausendzweihundertvier
3. 6HT 5ZT 8H 6Z 3E 4. 1M 6ZT 9H 9E

5 Wie heißen die folgenden Zahlen?

a) 3ZT 5H 1E = 30 501 b) 6T 7H 2Z 2E = 6722 c) 4HT 8ZT = 480 000
d) 3T 5Z = 3050 e) 7HT 4ZT 2T = 742 000 f) 7HT 4E = 700 004

6 Wie viele verschiedene dreistellige Zahlen gibt es, die eine 5 an der Zehnerstelle haben?

Es gibt 90 dreistellige Zahlen, die eine 5 an der Zehnerstelle haben.




1 Schreibe die richtigen Zahlen in die Kästchen.

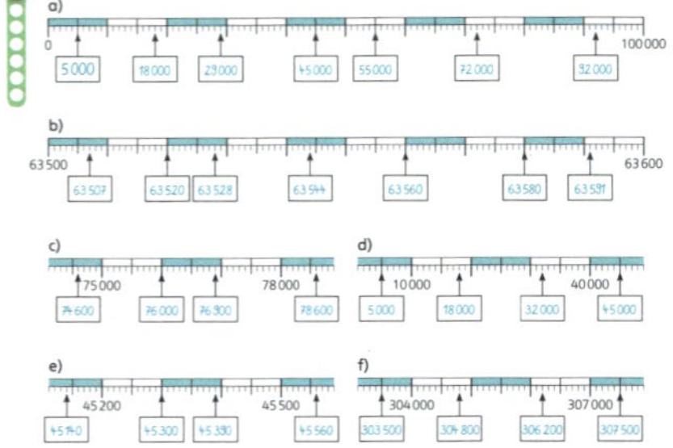


2 Markiere folgende Zahlen am Zahlenstrahl und schreibe sie an die richtige Stelle.

a) 13 000, 50 000, 65 000, 42 000, 84 000

b) 149 000, 149 150, 149 700, 149 520, 149 310

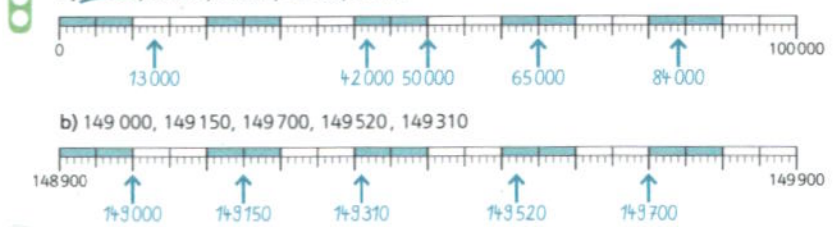


3 Ordne die Zahlen aus Aufgabe 2 nach ihrer Größe.

a) 13 000 < 42 000 < 50 000 < 65 000 < 84 000
b) 149 000 < 149 150 < 149 310 < 149 520 < 149 700

4 Vervollständige folgenden Satz:

Je weiter man auf dem Zahlenstrahl nach rechts läuft, desto größer werden die Zahlen.




1 Betrachte das Zehntausenderfeld und beantworte die folgenden Fragen.

a) Wie viele Tausender enthält das Zehntausenderfeld? 10 Tausender
b) Wie viele Hunderter sind dies? 100 Hunderter
c) Wie viele Tausender sind in einem halben ZT-Feld? 5 Tausender
d) Wie viele Hunderter sind in einem halben ZT-Feld? 50 Hunderter

| 10 000 Zehntausend 1 ZT = 10 T | 1000 Tausend 1 T = 10 H | 100 Hundert 1 H = 10 Z | 10 Zehn 1 Z = 10 E | 1 Eins 1 E |
|---|---|---|---|---|

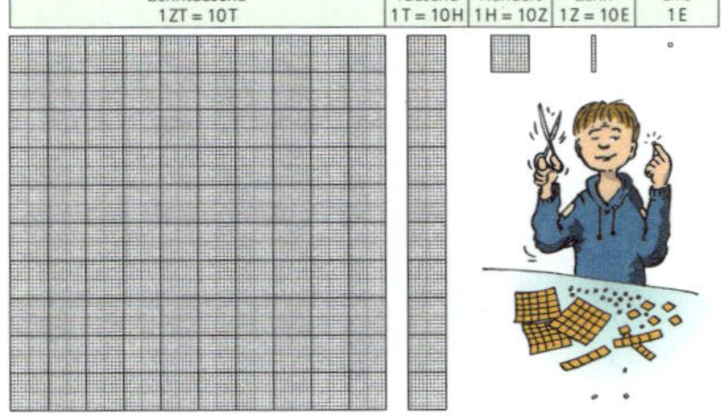

2 Welche Zahlen sind dargestellt? Schreibe sie auf.

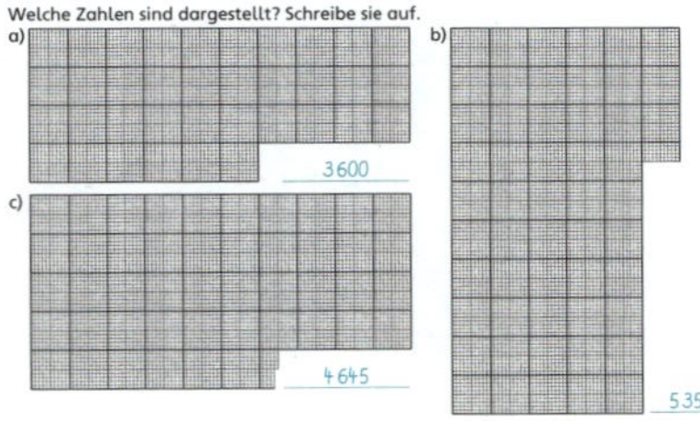

a) 3600 b) 5350 c) 4645




1 Schreibe die Zahlen auf.

| | | | | |
|---|---|---|---|---|
| a) die nächstkleinere Einerzahl von | 24 614 | 24 613 | 43 444 | 43 443 |
| b) die nächstgrößere Hunderterzahl von | 154 730 | 154 800 | 731 313 | 731 400 |
| c) die nächstgrößere Tausenderzahl von | 566 278 | 567 000 | 495 300 | 496 000 |
| d) die nächstkleinere Zehntausenderzahl von | 352 219 | 350 000 | 195 837 | 190 000 |

2 Zwischen welchen Zehntausendern liegen die folgenden Zahlen?

a) 38 230 zwischen 30 000 und 40 000 b) 63 463 zwischen 60 000 und 70 000
c) 26 462 zwischen 20 000 und 30 000 d) 45 673 zwischen 40 000 und 50 000

3 Streiche die falschen Zahlen durch.

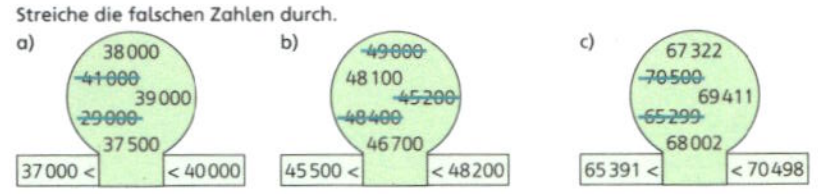


4 Setze >, < oder = ein.

a) 122 344 > 23 603 b) 24 493 < 49 233 c) 30 344 = 30 344 d) 523 346 > 173 438
10 423 < 33 550 92 283 < 92 392 634 205 < 993 233 573 437 > 573 199
34 184 < 34 482 13 484 < 20 000 254 482 < 254 882 864 533 = 864 533
39 664 = 39 664 55 133 > 29 144 493 435 < 493 482 572 312 > 571 836

5 Setze die Zahlen ein.

a) 35 476, 38 294, 29 384, 49 282 b) 67 767, 76 777, 67 776, 767 676 c) 367 485, 294 874, 467 283, 483 982, 487 739, 348 475

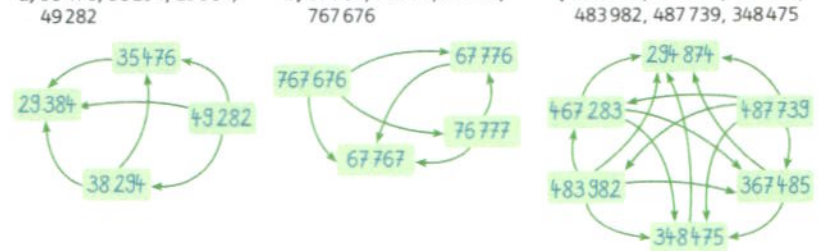





1 Beantworte die folgenden Fragen:

a) Bei welchen Ziffern musst du abrunden? 1, 2, 3, 4
b) Bei welchen Ziffern musst du aufrunden? 5, 6, 7, 8, 9

2 Runde 39 573 auf

– volle Zehner: 39 570
– volle Hunderter: 39 600
– volle Zehntausender: 40 000

3 Runde die Zahlen auf volle Hundertausender (HT), Zehntausender (ZT), Tausender (T) und Zehner (Z).

| | HT | ZT | T | Z |
|---|---|---|---|---|
| 273 485 | 300 000 | 270 000 | 273 000 | 273 490 |
| 837 292 | 800 000 | 840 000 | 837 000 | 837 290 |
| 273 083 | 300 000 | 270 000 | 273 000 | 273 080 |
| 370 037 | 400 000 | 370 000 | 370 000 | 370 030 |
| 299 389 | 300 000 | 300 000 | 299 000 | 299 390 |

4 Runde die Höhenangaben der Berge auf Hunderter. Zeichne die Höhe der Säule für jeden Berg richtig ein (1 mm entspricht 100 m).

1. Großglockner: 3798 m gerundet: 3800 m
2. Schneekoppe: 1603 m gerundet: 1600 m
3. Hochfeiler: 3510 m gerundet: 3500 m
4. Wildspitze: 3774 m gerundet: 3800 m
5. Eiger: 3970 m gerundet: 4000 m

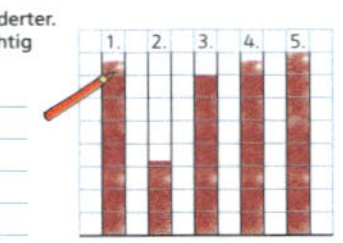


5 Am 16.06.2008 spielte in der Vorrunde der EM Deutschland gegen Österreich. Um das Fußballspiel zu sehen, kamen ungefähr 8000 Leute nach Gießen. Wie viele könnten es genau gewesen sein? Schreibe drei Möglichkeiten auf.

_____, _____, _____ viele Lösungen möglich

6 Überlege, in welchem Zusammenhang das Runden nicht sinnvoll ist. Kreuze dieses an.

☐ Höhe von Bergen ☒ Angabe von Kleidergrößen ☐ Geldbeträge beim Einkauf

Begründe deine Entscheidung

Die Kleidergröße ist keine Zahl, mit der man rechnen kann.




1 Setze folgende Zahlen zusammen.

a) 300 000 + 4000 + 50 = 304 050 b) 700 000 + 30 000 + 300 + 2 = 730 302
c) 400 000 + 3000 + 30 + 1 = 403 031 d) 900 000 + 300 + 60 + 2 = 900 362

2 Schreibe die Zahlen von Aufgabe 1 wie im Beispiel.

a) 3HT + 4T + 5Z b) 7HT + 3ZT + 3H + 2E
c) 4HT + 3T + 3Z d) 9HT + 3H + 6Z + 2E

3 Wie heißen die Nachbartausender (NT), Nachbarzehntausender (NZT) und Nachbarhunderttausender (NHT)?

| NHT | NZT | NT | Zahl | NT | NZT | NHT |
|---|---|---|---|---|---|---|
| 300 000 | 360 000 | 365 000 | 365 283 | 366 000 | 370 000 | 400 000 |
| 500 000 | 530 000 | 538 000 | 538 481 | 539 000 | 540 000 | 600 000 |
| 700 000 | 740 000 | 749 000 | 749 300 | 750 000 | 750 000 | 800 000 |

4 Trage in die Tabelle ein.

a)

| HT | ZT | T | H | Z | E |
|---|---|---|---|---|---|
| 5 | 6 | 0 | 0 | 0 | 1 |
| 1 | 0 | 0 | 5 | 3 | 8 |
| | 3 | 0 | 6 | 4 | 0 |

5HT 6Z 1E
1HT 5H 3Z 8E
3ZT 6H 4Z

b)

| HT | ZT | T | H | Z | E |
|---|---|---|---|---|---|
| 6 | 2 | 0 | 9 | 0 | 0 |
| 7 | 0 | 8 | 7 | 3 | 3 |
| 5 | 5 | 5 | 3 | 3 | 5 |

5HT 12ZT 7H 20Z
6HT 9ZT 18T 5H 23Z 3E
5HT 5ZT 4T 12H 13Z 5E

5 Finde die gesuchten Zahlen.

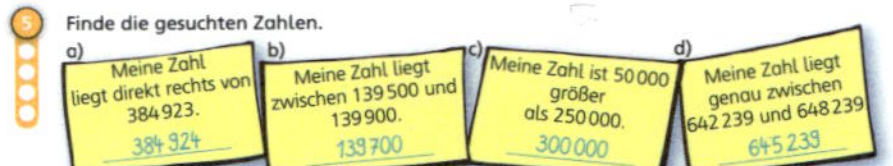


6 Suche die größte sechsstellige Zahl mit folgenden Bedingungen:

1. Die Zahl ändert sich nicht, wenn man die Zehner und Tausenderziffer vertauscht.
2. Die Hunderttausenderziffer ist doppelt so groß wie die Hunderterziffer.
3. Die Zehnerziffer und Einerziffer ergeben zusammen 5.
4. An der Einerstelle steht die Zahl 2.

Die Zahl heißt: 893 432

# 10 Sachaufgaben

Zahlen und Operationen

1 Wie viele Schokolinsen sind es jeweils?

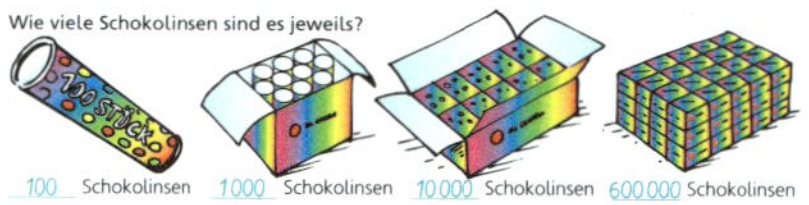


100 Schokolinsen  1000 Schokolinsen  10 000 Schokolinsen  600 000 Schokolinsen

2 Im Stadion „Kirschenwaldarena" gab es in der letzten Saison verschiedene Zuschauerzahlen.

| Spiel | FC Grünberg – Kickers Dorf.Güll | Holzheim – FC Gamach | Kickers Butzbach – FC Grünberg | Kickers Dorf-Güll – Holzheim | FC Gambach – FC Grünberg |
|---|---|---|---|---|---|
| Zuschauerzahlen | 40 994 | 10 938 | 41 001 | 35 837 | 29 090 |

Ordne die Zahlen nach ihrer Größe. Beginne mit der kleinsten Zahl.

10 938 < 29 090 < 35 837 < 40 994 < 41 001

3 In der Tabelle stehen die größten Städte in Hessen mit ihren Einwohnerzahlen.
Ordne die Städte nach der Anzahl ihrer Einwohner. Beginne mit der größten Anzahl.

Frankfurt > Wiesbaden > Kassel >
Darmstadt > Offenbach > Hanau >
Marburg > Gießen

| | |
|---|---|
| Kassel | 194 322 |
| Hanau | 88 897 |
| Gießen | 74 001 |
| Frankfurt am Main | 655 505 |
| Darmstadt | 139 698 |
| Marburg | 78 511 |
| Offenbach | 119 208 |
| Wiesbaden | 271 995 |

4 Die Zahlen in der Tabelle geben die gerundeten Besucherzahlen des Freizeitparks „Hab Spaß" für jeden Monat innerhalb der Öffnungszeit an. Trage darunter die tatsächliche Anzahl ein.

50 729  41 324  49 521  45 711  49 299  58 090

| Monat | April | Mai | Juni | Juli | August | September |
|---|---|---|---|---|---|---|
| gerundete Besucherzahl | 41 000 | 46 000 | 50 000 | 58 000 | 51 000 | 49 000 |
| tatsächliche Besucherzahl | 41 324 | 45 711 | 49 521 | 58 0090 | 50 729 | 49 299 |

5 Gesucht ist eine 6-stellige Zahl. Sie besteht aus 2 Ziffern und man kann sie vorwärts und rückwärts lesen. Die Quersumme der Zahl ergibt 16.
Wie heißt die gesuchte Zahl? z. B.: 242 242  Mehrere Lösungen möglich.

# Mündliches Addieren und Subtrahieren 11

Zahlen und Operationen

1 Rechne und male wie im Beispiel.

a) (0 … 100 000; – 28 000)
71 000 – 28 000 = 43 000

b) (0 … 100 000; – 48 000)
74 000 – 48 000 = 26 000

c) (0 … 1 000 000; – 560 000)
850 000 – 560 000 = 230 000

d) (0 … 1 000 000; – 420 000)
830 000 – 420 000 = 410 000

e) (0 … 1 000 000; – 210 000)
750 000 – 210 000 = 540 000

2 Fülle die leeren Felder aus.

3 Vervollständige die Tabelle.

| – | 10 000 | 20 000 | 35 000 | 85 000 | 6 000 |
|---|---|---|---|---|---|
| 70 000 | 60 000 | 50 000 | 35 000 | 15 000 | 64 000 |
| 85 000 | 75 000 | 65 000 | 50 000 | 0 | 79 000 |
| 430 000 | 420 000 | 410 000 | 395 000 | 345 000 | 424 000 |

# 12 Mündliches Multiplizieren und Dividieren

Zahlen und Operationen

1 Kreuze das richtige Ergebnis an.

a) 50 · 60 = 3000: 30 / X 3000 / 300
b) 80 · 70 = 5600: 560 / 4900 / X 5600
c) 4800 : 80 = 60: 80 / X 60 / 6
d) 400 · 60 = 24 000: 6400 / X 24 000 / 2400
e) 32 000 : 40 = 800: X 800 / 80 / 8000
f) 420 000 : 7 = 60 000: 600 / 6000 / X 60 000

2 Verbinde mit dem richtigen Ergebnis.

60 · 30  80 · 90  6 · 600  210 000 : 70  7000 · 5  72 000 : 9

7200  35 000  8000  1800  3000  3600

3 Fülle die Rechenhäuser aus.

a) 36 000

| | | |
|---|---|---|
| 9 | · | 4000 |
| 900 | · | 40 |
| 600 | · | 60 |
| 60 | · | 600 |

b) 64 000

| | | |
|---|---|---|
| 80 | · | 800 |
| 8000 | · | 8 |
| 4 | · | 16 000 |
| 4000 | · | 16 |

c) 600

| | | |
|---|---|---|
| 1200 | : | 2 |
| 12 000 | : | 20 |
| 54 000 | : | 90 |
| 420 000 | : | 700 |

4 Schreibe die Rechenbefehle in die Kreise.

700 → ·70 → 49 000; 49 000 → :70 → 700
90 → ·70 → 6300; 6300 → :70 → 90
25 → 3000 → 75 000; 75 000 → 3000 → 25
21 → ·400 → 8400; 8400 → :400 → 21

5 Trage die fehlenden Zahlen in die Zielscheiben ein.

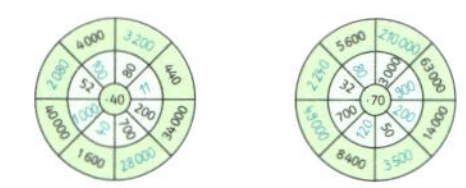

# Schriftliches Addieren 1 13

Zahlen und Operationen

1 Berechne schriftlich.

a) 27 839 + 32 834 = 60 673
b) 38 293 + 49 280 = 87 573
c) 38 392 + 23 934 = 62 326
d) 91 020 + 39 020 = 130 040
e) 283 949 + 538 492 = 822 441
f) 389 492 + 39 849 = 429 341
g) 735 269 + 83 925 = 819 194
h) 297 163 + 270 857 = 568 020

2 Schreibe richtig untereinander und berechne.

84 959 + 49 292  392 923 + 9 332  34 839 + 299 293  3 938 + 819 238 + 20 230

84 959 + 49 292 = 134 251
392 923 + 9 382 = 402 305
34 839 + 299 293 = 334 132
3 938 + 819 238 + 20 230 = 843 406

3 Ergänze die fehlenden Zahlen und addiere.

a) 803 + 174 016 + 27 201 = 202 020
b) 100 986 + 20 862 + 1 608 = 123 456
c) 198 + 97 531 + 235 604 = 333 333

4 Welche der folgenden Aufgaben würdest du nicht schriftlich rechnen, sondern im Kopf lösen? Kreuze an und löse sie.

3829 + 8937  X 5078 + 322  X 30 293 + 20 407  X 39 282 + 30 201
29 383 + 392 294  7749 + 8264  X 34 929 + 2999  82 737 + 92 384

5078 + 322 = 5400
30 293 + 20 407 = 50 700
34 929 + 2 999 = 37 928
39 282 + 30 201 = 69 483

# 14 Schriftliches Addieren 2

Zahlen und Operationen

1 Berechne die Summe und schreibe die Lösung als Zahl.
a) 7ZT 7T 8Z + 4ZT 8T 4H 8E
b) 5HT 8ZT 2T 9H 3E + 2HT 1ZT 9T 3H 4Z
c) 7ZT 5H 8Z 4E + 7HT 4ZT 3H 8E

a) 125 488  c) 810 892
b) 802 243

2 Berechne die Fünfersummen von einem Ende über die Mitte zum anderen Ende.
AC: 177 155  EB: 1 492 030  CD: 177 106  AD: 115 242

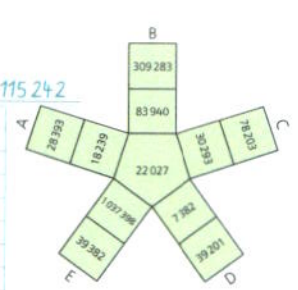


3 Bilde vier verschiedene Additionsaufgaben aus zwei fünfstellligen Zahlen mit dem Ergebnis 157 382.
Viele Lösungen möglich.

4 Bilde aus den Ziffern 0 1 2 3 4 5 6 7 8 9 zwei vierstellige Zahlen nach folgenden Regeln (Hinweis: Du darfst jede Ziffer nur einmal verwenden.):
a) Wenn man die Zahlen addiert, so soll das größtmögliche Ergebnis entstehen.
1 Zahl: 9753  2. Zahl: 8642  9753 + 8642 = 18 395
b) Wenn man die beiden Zahlen addiert, so soll das Ergebnis so nah wie möglich an der Zahl 10 000 liegen. 1 Zahl: 8374  2. Zahl: 1026  8374 + 1026 = 10 000
c) Wenn man die beiden Zahlen addiert, so soll das kleinstmögliche Ergebnis entstehen.
1 Zahl: 1046  2. Zahl: 2357  1046 + 2357 = 3403

# Schriftliches Subtrahieren 1 15

Zahlen und Operationen

1 Berechne schriftlich.

a) 73 628 – 28 393 = 45 235
b) 38 482 – 29 348 = 9 134
c) 87 402 – 39 402 = 48 000
d) 389 439 – 49 839 = 339 600
e) 832 746 – 482 934 = 349 812
f) 940 202 – 839 492 = 100 710
g) 749 261 – 37 858 = 711 403
h) 827 361 – 381 573 = 445 788

2 Trage die fehlenden Zahlen ein.

a) 57 069  13 027  4077  1099
44 042  8950  2978
35 092  5972
29 120

57 069 – 13 027 = 44 042

b) 982 598  695 378  408 158  120 938
287 220  287 220  287 220
0  0
0

3 Bilde eine Zahl, deren Ziffern sich abwechseln, z. B. 717 171. Die Spiegelzahl zu 717 171 lautet 171 717. Berechne die Differenz.

717 171 – 171 717 = 545 454

4 Bilde weitere drei Zahlen und rechne wie in Aufgabe 3.
Viele Lösungen möglich

5 Was fällt dir bei den Ergebnissen von Aufgabe 4 auf? Beschreibe.
Das Ergebnis besteht immer aus zwei sich abwechselnden Ziffern.

# 16 Schriftliches Subtrahieren 2

Zahlen und Operationen

1 Schreibe richtig untereinander und berechne.

84 372 – 48 938  495 739 – 38 293  88 843 – 29 893  384 945 – 199 938

84 372 – 48 938 = 35 434
495 739 – 38 293 = 457 446
88 843 – 29 893 = 58 950
384 945 – 199 938 = 185 007

2 Setze die fehlenden Zahlen ein.

a) 73 824 – 4 923 = 68 901
b) 48 492 – 4 947 = 43 545
c) 28 348 – 19 387 = 8 961
d) 95 483 – 58 394 = 37 089
e) 593 442 – 394 182 = 199 260
f) 849 839 – 663 829 = 186 010

3 Stelle dir vor, du hast die folgenden Ziffernkarten: 8 5 4 2
Bilde dann eine beliebige Minusaufgabe wie z. B. 85 – 42.
Berechne dann das Ergebnis: 85 – 42 = 43
Drehe die Ziffern innerhalb der beiden Zahlen um, also 58 – 24.
Berechne das Ergebnis: 58 – 24 = 34
a) Wiederhole dies mit den Ziffernkarten 9 7 3 1
z. B.: 97 – 13 = 84, 79 – 31 = 48
b) Was fällt dir bei den Ergebnissen auf? Beschreibe.
Die beiden Ergebnisse sind Spiegelzahlen.

4 Erkläre deine Beobachtungen in Aufgabe 3b).
Bei der 2. Rechnung werden die Ziffern vertauscht. Die Differenz bei der Zehnerstelle und bei der Einerstelle bleibt jedoch gleich. Daher entsteht beim Vertauschen im Ergebnis die Spiegelzahl des 1. Ergebnisses.

# Schriftliches Addieren und Subtrahieren 17

Zahlen und Operationen

1 Berechne schriftlich die Zahlenmauern. Fülle die Lücken aus.

230 528
192 066  384 462
133 234  58 832  39 630
93 840  39 394  19 438  20 192

257 723
97 014  160 709
59 432  37 582  123 127
42 039  17 393  20 189  102 938

2 Trage die fehlenden Zahlen in die leeren Felder ein.

| | |
|---|---|
| 75 320 | 4262 |
| 39 291 | 40 291 |
| 5897 | 73 685 |
| 69 531 | 10 051 |

+ → 79 582

| | |
|---|---|
| 500 879 | 417 967 |
| 161 626 | 78 714 |
| 170 513 | 87 601 |
| 206 003 | 123 091 |

– → 82 912

3 Kreise die Aufgaben ein: – rot, wenn das Ergebnis kleiner als 21 394 ist.
– grün, wenn das Ergebnis genau 210 394 ist.
– blau, wenn das Ergebnis größer als 210 394 ist.
Tipp: Du musst nicht alle Aufgaben ausrechnen.

11 939 + 92 293  187 462 + 22 932  530 429 – 319 483  94 923 + 138 482
11 939 + 92 293  347 284 – 183 783  123 949 + 139 839  839 482 – 632 020

4 Fülle die Lücken in den Zahlenmauern aus. In den beiden Ecksteinen sollen die gleichen Zahlen stehen.

472 357
268 082  204 275
125 311  142 771  61 504
22 022  103 289  39 482  22 022

768 857
287 150  481 707
73 829  213 321  268 386
64 447  9382  203 939  64 447

## 18 Überschlag und Probe
Zahlen und Operationen

**1** Rechne schriftlich und kontrolliere dein Ergebnis durch die Probe. Überschlage immer zuerst.

a) Ü: 83748 + 29383 = 113131
b) Ü: 82934 + 29834 = 112768
c) Ü: 38492 + 38482 = 76974
d) Ü: 83748 − 41009 = 42739
e) Ü: 394782 + 394822 = 789604
f) Ü: 37482 − 19384 = 18098
g) Ü: 939403 − 374839 = 564564
h) Ü: 829348 + 66666 = 896014
i) Ü: 839203 + 19300 = 858503

**2** Welches Ergebnis könnte stimmen? Entscheide durch Überschlagen und kreuze an.

a) 14025 + 33758 = ☐ 58783 ☒ 47783 ☐ 37783
b) 52645 + 54573 = ☐ 98718 ☐ 120388 ☒ 107218
c) 72024 − 52546 = ☐ 25478 ☐ 23078 ☒ 19478
d) 25634 − 10383 = ☒ 15251 ☐ 17251 ☐ 19251

**3** Finde durch Überschlagen heraus, wie oft du die Zahl 19527 addieren musst, um möglichst nahe an die Zahl 150000 zu kommen. Du darfst sie aber nicht überschreiten.

7 · 19527 = 136689

**4** Wie oft musst du von 300000 die Zahl 14911 subtrahieren, um möglichst nahe an die Zahl 0 zu kommen? Finde die Lösung durch Überschlagen.

300000 − 20 · 14911 = 1780

## Sachaufgaben 19
Zahlen und Operationen

**1** Berechne schriftlich.

a) 

b) 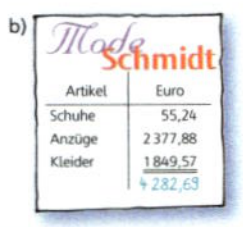


c) 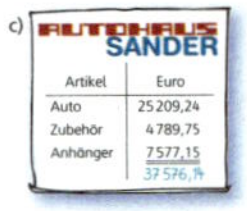


**2** In den Zoo Tigerklaue kamen im Jahr 2005 mehr als eine Million Besucher. In den folgenden Jahren gab es die folgenden Besucherzahlen:

| Jahr | 2006 | 2007 | 2008 |
|---|---|---|---|
| Besucherzahl | 839429 | 792938 | 937381 |

Wie viele Besucher fehlen jeweils zu einer Million?
Jahr 2006: 160571 Jahr 2007: 207062 Jahr 2008: 62619

**3** Für das Konzert von Bobbie Riliams gibt es insgesamt 150000 Karten. Im Vorverkauf wurden 78273 Karten verkauft, an der Abendkasse waren es weitere 59283 Karten.
Frage: Wie viele Karten waren noch übrig?
Rechnung: 150000 − 78273 − 59283 = 12444
Antwort: 12444 Karten waren noch übrig.

**4** Berechne die Summe der größten vierstelligen Zahl und der kleinsten fünfstelligen Zahl. 9999 + 10000 = 19999

**5** Um wie viel ist die Summe der Zahlen 372638 und 193828 kleiner als 928192?
Rechnung: 372638 + 193828 = 566466   928192 − 566466 = 361726
Antwort: Die Summe ist um 361726 kleiner.

## 20 Halbschriftliches Multiplizieren
Zahlen und Operationen

**1** Berechne wie in einem der Beispiele.

7 · 574 = 4018 (7 · 500 = 3500; 7 · 70 = 490; 7 · 4 = 28)
20 · 187 = 3740 (20 · 100 = 2000; 20 · 80 = 1600; 20 · 7 = 140)

a) 8 · 2839 = 22712
b) 5 · 3892 = 19460
b) 4 · 7072 = 28288
c) 7 · 9382 = 65674
d) 30 · 93 = 2790
e) 50 · 283 = 14150

**2** Wie heißen die Zahlen in den grünen Kästchen? Trage diese ein.

9 · 817 = 7353 (9 · 800 = 7200; 9 · 10 = 90; 9 · 7 = 63)
30 · 319 = 9570 (30 · 300 = 9000; 30 · 10 = 300; 30 · 9 = 270)

## Schriftliches Multiplizieren 1 21
Zahlen und Operationen

**1** Rechne die Aufgaben schriftlich.

a) 341 · 2 = 682; 312 · 3 = 936; 204 · 2 = 408; 113 · 3 = 339; 201 · 2 = 402
b) 3123 · 3 = 9369; 4201 · 2 = 8402; 3303 · 3 = 9909; 2102 · 4 = 8408
c) 2721 · 3 = 8163; 4237 · 2 = 8474; 1572 · 6 = 9432; 854 · 9 = 7686
d) 2634 · 4 = 10536; 263 · 6 = 1578; 283 · 7 = 1981; 837 · 3 = 2511
e) 2637 · 4 = 10548; 3048 · 6 = 18288; 7008 · 8 = 56064; 7309 · 5 = 36545
f) 3829 · 6 = 22974; 5219 · 7 = 36533; 6322 · 8 = 50576; 3197 · 3 = 9591

**2** Setze die fehlenden Zahlen ein.

382 · 2 = 764; 325 · 4 = 1300; 2849 · 2 = 5698; 837 · 7 = 5859
893 · 9 = 8037; 406 · 7 = 2842; 893 · 4 = 3572; 397 · 4 = 1588

## 22 Schriftliches Multiplizieren 2
Zahlen und Operationen

**1** Rechne die Aufgaben schriftlich.

651 · 27 = 17577 (13020 + 4557)
738 · 38 = 28044 (22140 + 5904)
493 · 84 = 41412 (39440 + 1972)
3941 · 47 = 185227 (157640 + 27587)
4026 · 51 = 205326 (201300 + 4026)
849 · 392 = 332808 (254700 + 76410 + 1698)
3948 · 206 = 813288 (789600 + 23688)
4081 · 169 = 689689 (408100 + 244860 + 36729)

**2** Trage die fehlenden Zahlen ein.

a) 105 · 381 = 40005; 17 · 40005 = 680085
b) 87 · 247 = 21489; 21489 · 37 = 795093

**3** Multipliziere den Nachfolger der Zahl 505 mit ihrem Vorgänger.
504 · 506 = 255024

**4** Du hast folgende Ziffernkarten: 2 5 7 8 9
Bilde mit diesen Karten eine zweistellige und eine dreistellige Zahl, so dass das Produkt der beiden Zahlen möglichst klein ist.
Aufgabe: 279 · 58 = 16182

**5** Luca hat gerechnet:
Was hat Luca falsch gemacht?
Erkläre die Fehler.

573 · 43 = 2082 + 1519 = 2151 9

1. Zehnerüberschreitung vergessen beim Malnehmen.
2. Zehnerüberschreitung vergessen beim Addieren.

## Kommazahlen 23
Zahlen und Operationen

**1** Rechne die Aufgaben schriftlich.

a) 7,50 · 4 = 30,00; 8,50 · 6 = 51,00; 0,15 · 8 = 1,20; 8,99 · 6 = 53,94
b) 28,57 · 3 = 85,71; 89,79 · 7 = 628,53; 123,75 · 5 = 618,75
c) 637,48 · 8 = 5099,84; 384,55 · 4 = 1538,20; 452,31 · 5 = 2261,55
d) 17,56 · 46 = 807,76 (7024 + 10536); 8,99 · 15 = 134,85; 5,75 · 21 = 120,75; 19,90 · 25 = 497,50
e) 0,75 · 42 = 31,50; 83,38 · 74 = 6170,12; 119,59 · 47 = 5620,73
f) 459,84 · 48 = 22072,32; 877,77 · 88 = 77243,76; 482,29 · 45 = 21703,05

**2** Setze die fehlenden Zahlen ein.

a) 38,84 · 7 = 271,88
b) 9,94,9 · 2 = 78,98 → 39,49 · 2 = 78,98
c) 39,69 · 18 = 714,42
d) 84,44 · 74 = 6248,56
e) 394,67 · 28 = 11050,76
f) 72,48 · 23 = 1667,04

## 24 Halbschriftliches Dividieren
Zahlen und Operationen

**1** Rechne halbschriftlich.

a) 942 : 6 = 157 (600 : 6 = 100; 300 : 6 = 50; 30 : 6 = 5; 12 : 6 = 2)
b) 774 : 3 = 258
c) 876 : 6 = 146
d) 3696 : 8 = 462
e) 7406 : 7 = 1058
f) 1988 : 4 = 497
g) 6736 : 8 = 842
h) 18088 : 7 = 2584

**2** Sven hat gerechnet:
Streiche die Fehler an.

9180 : 3 = ~~306~~ 3000
9000 : 3 = ~~300~~ 3000
180 : 3 = 60
9180 : 3 = ~~360~~ 3060

**3** Erkläre was Sven in Aufgabe 2 falsch gemacht hat.
Er hat die 0 an der Einerstelle nicht berücksichtigt.

## Schriftliches Dividieren 1 25
Zahlen und Operationen

**1** Rechne schriftlich.

a) 22524 : 4 = 5631
b) 7745 : 5 = 1549
c) 12369 : 3 = 4123
d) 46088 : 7 = 6584
e) 24220 : 4 = 6055
f) 60372 : 9 = 6708

**2** Wie heißen die Zahlen in den grauen Feldern? Ergänze.

a) 20930 : 5 = 4186
b) 58842 : 7 = 8406

1 Trage die fehlenden Zahlen ein.

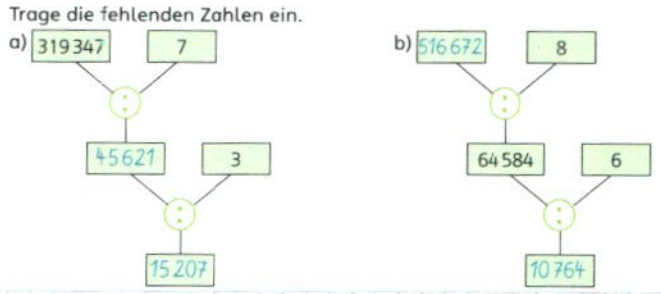


2 Teile von unten nach oben immer durch die gleiche Zahl. Schreibe das Ergebnis immer eine Zeile höher.

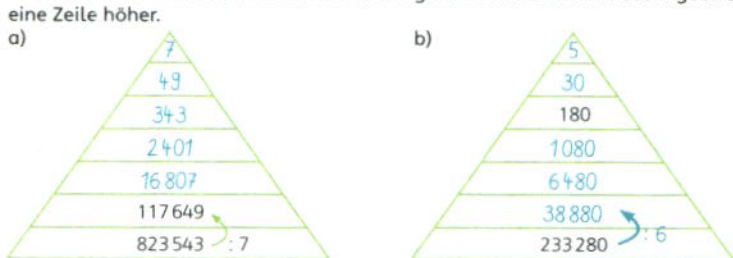


3 Svenja hat gerechnet:
Erkläre, was Svenja falsch gemacht hat und rechne richtig.
Svenja hat im Ergebnis vergessen eine Null aufzuschreiben.

```
1 8 2 0 4 9 : 7 = 2 6 0 7
1 4
  4 2
  4 2
    0 0 4 9
        4 9
          0
```
richtiges Ergebnis 2 6 0 0 7



1 Rechne schriftlich. (Du weißt: „R" steht für Rest.)

```
ZT T H Z E
8 4 2 6 7 : 4 = 2 1 0 6 6  R 3
8
0 4
  4
  0 2 6
    2 4
      2 7
      2 4
        3
```

ZT T H Z E 3 7 1 1 : 5 = 7 4 2 R 1

ZT T H Z E 2 8 3 9 : 2 = 1 4 1 9 R 1

ZT T H Z E 2 9 3 4 : 7 = 4 1 9 R 1

ZT T H Z E 8 3 7 2 : 8 = 1 0 4 6 R 4

ZT T H Z E 7 3 0 3 : 4 = 1 8 2 5 R 3

2 Du hast die folgenden Ziffern: 1 3 5 6

a) Bilde aus diesen Karten eine Divisionsaufgabe mit dem Ergebnis 52. Es dürfen keine Ziffernkarten übrig bleiben.
Die Aufgabe lautet: 156 : 3 = 52

b) Bilde aus den Karten eine Divisionsaufgabe mit Rest 3. Es dürfen keine Ziffernkarten übrig bleiben.
Die Aufgabe lautet: 153 : 6 Rest 3



1 Rechne schriftlich und kontrolliere dein Ergebnis durch die Probe. Überschlage zuerst.

a) Ü: 6 0 0 · 5 = 3 0 0 0
6 3 7 · 5 = 3 1 8 5
3 1 8 5

Ü: 3 0 0 0 : 5 = 6 0 0
```
3 1 8 5 : 5 = 6 3 7
3 0
  1 8
  1 5
    3 5
    3 5
      0
```

b) Ü: 7 0 0 · 7 = 4 9 0 0
7 3 8 · 7 = 5 1 6 6
Ü: 4 9 0 0 : 7 = 7 0 0
5 1 6 6 : 7 = 7 3 8

c) Ü: 5 0 0 · 2 = 1 0 0 0
4 9 2 · 2 = 9 8 4
Ü: 1 0 0 0 : 2 = 5 0 0
9 8 4 : 2 = 4 9 2

d) Ü: 8 0 0 · 8 = 6 4 0 0
8 4 8 · 8 = 6 7 8 4
Ü: 6 4 0 0 : 8 = 8 0 0
6 7 8 4 : 8 = 8 4 8

2 Streiche falsch gerechnete Aufgaben durch. Löse durch Überschlagen.

4 0 3 2 · 5 = ~~1 7 1 6 0~~ 2 0 1 6 0

5 2 1 5 · 5 = 2 6 0 7 5

8 8 3 2 : 6 = ~~2 4 7 2~~ 1 4 7 2

2 4 9 6 4 : 4 = 6 2 4 1

3 2 0 9 0 : 5 = 6 4 1 8

5 0 0 4 · 1 2 = ~~5 0 0 4 8~~ 6 0 0 4 8

3 Setze >, < oder = ein. Löse nicht durch Rechnen, sondern überschlage.

| a) | | | b) | | | c) | | |
|---|---|---|---|---|---|---|---|---|
| 3500 : 70 | < | 600 | 3894 : 9 | > | 500 | 6832 : 4 | < | 2400 |
| 7880 : 20 | > | 30 | 8394 : 9 | > | 600 | 3819 : 40 | < | 200 |
| 3535 : 5 | > | 700 | 7183 : 3 | < | 2500 | 8172 : 6 | > | 1200 |



1 Finde durch Überschlagen heraus, welche Ergebnisse nicht richtig sein können. Streiche diese rot durch.

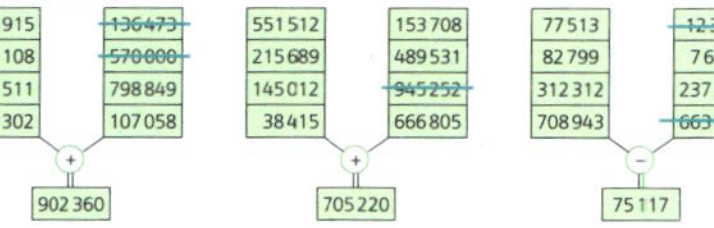


2 Finde durch Überschlagen heraus, wie oft du die Zahl 9 mit sich selbst multiplizieren musst, um möglichst nahe an die Zahl 60000 zu kommen.
9 · 9 · 9 · 9 · 9 = 59049 5 mal

3 Wie oft musst du die Zahl 28672 durch die Zahl 2 dividieren, um möglichst nahe an die Zahl 14 zu kommen? Finde die Lösung durch Überschlagen.
(Tipp: Überschlage auch die Zwischenergebnisse.)
11 mal

4 Finde jeweils zwei Multiplikations- und Divisionsaufgaben, deren Ergebnisse:

a) zwischen 4000 und 5000 liegen:
1. Aufgabe Multiplikation 40 · 123 = 4920
2. Aufgabe Multiplikation ___ · ___ = ___
1. Aufgabe Division: ___ : ___ = ___
2. Aufgabe Division: ___ : ___ = ___

Bei a), b) und c) sind mehrere Lösungen möglich.

b) zwischen 36000 und 39000 liegen:
1. Aufgabe Multiplikation: ___ · ___ = ___
2. Aufgabe Multiplikation: ___ · ___ = ___
1. Aufgabe Division: ___ : ___ = ___
2. Aufgabe Division: ___ : ___ = ___

c) zwischen 117000 und 121000 liegen:
1. Aufgabe Multiplikation: ___ · ___ = ___
2. Aufgabe Multiplikation: ___ · ___ = ___
1. Aufgabe Division: ___ : ___ = ___
2. Aufgabe Division: ___ : ___ = ___

1 Verbinde immer Aufgaben mit dem gleichen Ergebnis.

| | | | |
|---|---|---|---|
| 2 1 0 1 · 4 = 8 4 0 4 | 1 1 1 3 · 3 = 3 3 3 9 | 1 0 2 · 4 = 4 0 8 | 1 1 0 1 · 9 = 9 9 0 9 |
| 4 2 0 2 · 2 = 8 4 0 4 | 3 3 0 3 · 3 = 9 9 0 9 | 3 7 1 · 9 = 3 3 3 9 | 2 0 4 · 2 = 4 0 8 |

2 Rechne die Aufgaben schriftlich oder mündlich. Kreuze mündlich gerechnete Aufgaben an.

a) ☒ 222 · 30 = 6660 b) ☒ 104 · 5 = 520
c) ☐ 27 · 35 = 945 d) ☒ 45 · 19 = 855
e) ☒ 408 · 40 = 16320 f) ☐ 83 · 37 = 3071
g) ☐ 293 · 27 = 7911 h) ☒ 34 · 99 = 3366

3 Mit welcher Zahl musst du 37037 multiplizieren, damit du die Ergebnisse 777777 und 888888 erhältst?
a) 37037 · 21 = 777777 b) 37037 · 24 = 888888

4 Berechne die Ergebnisse der folgenden Aufgaben mit Spiegelzahlen.
a) 1 3 · 6 2 = 8 0 6 3 1 · 2 6 = 8 0 6
b) 5 2 · 3 7 = 1 9 2 4 2 5 · 7 3 = 1 8 2 5
c) 4 3 · 6 8 = 2 9 2 4 3 4 · 8 6 = 2 9 2 4
d) 2 4 · 8 4 = 2 0 1 6 4 2 · 4 8 = 2 0 1 6

5 Was fällt dir bei Aufgabe 4 auf?
Die meisten Ergebnisse sind bei den Spiegelaufgaben gleich.
Welche Aufgabe passt nicht dazu? b)



1 Das menschliche Herz schlägt in der Minute etwa 66 Mal. Wie oft schlägt das Herz …
a) in einer Stunde? 66 · 60 = 3960 mal
b) an einem Tag? 3960 · 24 = 95040 mal
c) in einer Woche? 95040 · 7 = 665280 mal

2 Die Gudrun-Pausewang-Schule hat im letzten Schuljahr 54720 Blatt Papier zum Kopieren verbraucht.
a) Wie hoch ist für ein Schuljahr mit 40 Wochen der Verbrauch pro Woche?
54720 : 40 = 1368
b) An der Schule gibt es 8 Klassen. Wie hoch ist der Verbrauch pro Woche und pro Klasse?
1368 : 8 = 171

3 Sarah hat mit ihren drei Brüdern zusammen am Strand 572 Muscheln gefunden. Sie möchten diese gerecht untereinander aufteilen.
Frage: Wie viele Muscheln bekommt jeder?
Rechnung: 572 : 4 = 143
Antwort: Jeder bekommt 143 Muscheln.

4 Wie heißen die gesuchten Zahlen?
a) Wenn du die gesuchte Zahl durch 4 teilst und dann mit 7 multiplizierst, erhältst du die Zahl 361368. Die Zahl heißt: 206496
b) Das Siebenfache der gesuchten Zahl ist das Doppelte von 191464.
Die Zahl heißt: 54704

5 Ein Mäusepaar kann bis zu 16 Babys bekommen. Wie viele Mäuse kann es in der 2. Generation geben, wenn man davon ausgeht, dass
– keine Maus stirbt.
– immer die Hälfte eines Wurfs Mädchen sind.
Rechnung: 1. Generation: 2 + 16 = 18, 2. Generation: 18 + 9 · 16 = 162
Antwort: Es kann in der 2. Generation 162 Mäuse geben

6 Auf einer Großbaustelle arbeiten 146 Arbeiter. Sie brauchen zum Fertigstellen des Parkhauses 24 Tage. Wie lange bräuchten 73 Arbeiter?
Antwort: Halb so viele Arbeiter brauchen doppelt so lange, also 2 · 24 Tage = 48 Tage.



1 Berechne mit einem Zwischenschritt. Achte dabei auf die Rechenzeichen.
a) 14233 + 70 · 12 = 14233 + 840 = 15073
b) 28423 + 781 · 36 = 28423 + 28116 = 56539
c) 124856 : 8 · 7 = 15607 · 7 = 109249
d) 451241 – 145235 + 644125 306006 + 644125 = 950131
e) 1077 · 23 + 78 · 238 = 24771 + 18564 = 43335
f) 13205 : 5 + 42516 : 6 = 2641 + 7086 = 9727

2 Setze die Klammern an die richtige Stelle.
a) (384 + 364) · 2 = 1496 b) (8394 – 3928) · 2 = 8932
c) 3624 : (4 – 2) = 1812 d) 6374 · (12 – 1) = 70114
e) (3625 – 2738) · (982 + 18) = 887000 f) 32503 : (8 – 2) · 12 = 65016

3 Setze die Rechenzeichen richtig ein.
a) 17906 + 23 · 157 = 21517 b) 140616 : 8 – 15624 = 1953
c) 26514 + 53615 – 54219 = 25910 d) 231 · 231 – 231 = 53130
e) 20292 : 4 + 27051 : 3 = 14090 f) 709 · 47 – 1306 · 15 = 13733

4 Du hast folgende Karten: 3 9 12 + – : · ( ) =
Alle drei Ziffernkarten müssen immer verwendet werden. Suche eine Aufgabe …
a) mit einem möglichst großen Ergebnis. Aufgabe: (3 + 9) · 12 = 144
b) mit einem möglichst kleinen Ergebnis. Aufgabe: 12 – 9 – 3 = 0

5 Für welche Rechenarten gilt das Vertauschungsgesetz?
Kreuze an und begründe deine Antwort durch ein Beispiel.
a) Addition: ☒ ja ☐ nein Beispiel: 15 + 7 = 7 + 15
b) Subtraktion: ☐ ja ☒ nein Beispiel: 15 – 7 ist nicht gleich 7 – 15
c) Multiplikation: ☒ ja ☐ nein Beispiel: 3 · 5 = 5 · 3
d) Division: ☐ ja ☒ nein Beispiel: 15 : 3 ist nicht gleich 3 : 15

6 Jonas hat gerechnet: (16400 – 2800) : 4 = 15700
Beschreibe welchen Fehler er gemacht hat.
Er hat die Klammer nicht zuerst gerechnet.



1 Ordne den Begriffen die richtigen Rechenzeichen zu.

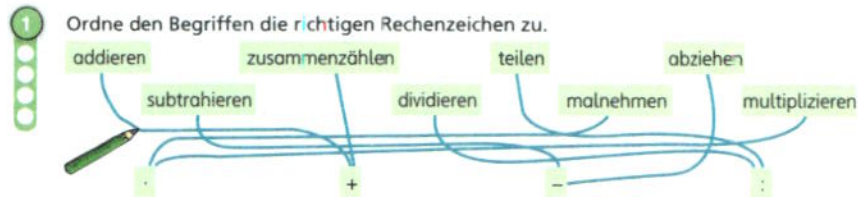


2 Ergänze die Rechenbefehle. In jeder Figur muss jede Rechenart mindestens einmal vorkommen.

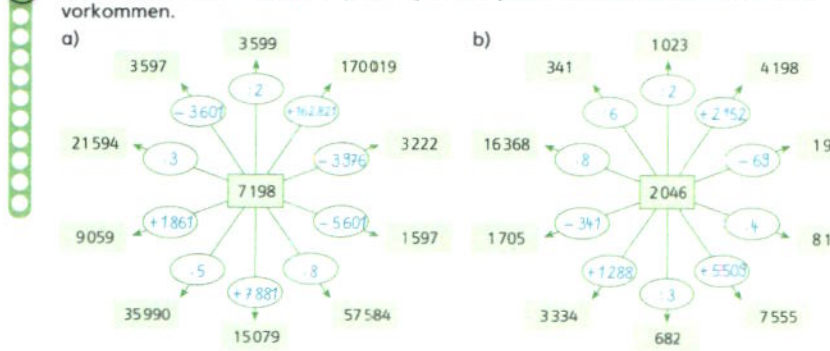


3 Berechne die Aufgaben und fülle das Kreuzzahlrätsel richtig aus.

**waagerecht (→)**
1. 154087 + 251498 = 405585
3. 560414 – 207814 = 352600
4. 16314 · 27 = 440478
5. 23 · 4183 = 96209
8. 395106 + 510778 = 905884
9. 77077 – 48209 = 28868
10. 4 · 20152 = 80608
12. 302159 – 177705 = 124454
14. 107828 : 7 = 15404

**senkrecht (↓)**
1. 259554 6 = 43259
2. 56894 – 46812 = 103706
4. 327635 7 = 46805
6. 800951 – 28572 = 772379
7. 56 · 5127 = 287112
11. 502 · 502 = 252004

## 34 Verschiedene Übungen
Zahlen und Operationen

1. Schreibe die Rechenbefehle in die Kreise.
a) 1 542 —·3→ 4626; 4626 —:3→ 1 542
b) 1 542 —+2 982→ 4524; 4524 —−2 982→ 1 542
c) 6432 —:3→ 2 144; 2 144 —·3→ 6432
d) 6432 —−4 397→ 2035; 2035 —+4 397→ 6432

2. Setze die fehlende Zahl ein, so dass die Wippe im Geichgewicht ist.

3. Fülle die leeren Felder in den Malrechenhäusern aus.

221184
192 | 1152
12 | 16 | 72
6 | 2 | 8 | 9

28 908 792
34914 | 828
253 | 138 | 6
11 | 23 | 6 | 1

4. Finde weitere Aufgaben mit dem passenden Ergebnis und schreibe diese in die Zahlenhäuser.
Regel: Es müssen immer zwei Rechenoperationen verwendet werden: + oder − und · oder :

| 500 | 1 000 | 2 500 |
|---|---|---|
| 100 · 4 + 100 | | |
| (60 − 10) · 50 | | |
| 10 · 25 + 10 · 25 | | |
| | | |
| | | |

Viele Lösungen möglich.

## Durchschnitt 35
Zahlen und Operationen

1. Bei der letzten Mathematikarbeit gab es folgenden Notenspiegel:
Michaela meint, dass ihre Note „zwei" besser ist, als die Durchschnittsnote.
Stimmt dies? X ja ☐ nein
Berechne den Durchschnitt:

| Note | 1 | 2 | 3 | 4 | 5 | 6 |
|---|---|---|---|---|---|---|
| Anzahl | 5 | 5 | 10 | 5 | 2 | 2 |

5 · 1 + 2 · 5 + 3 · 10 + 4 · 5 + 5 · 2 + 6 · 2 = 87
Anzahl der Schüler: 29
87 : 29 = 3

2. Die Klasse 4b erhält pro Schuljahr 1 560 Stunden Unterricht. Davon wird in 234 Stunden das Fach „Deutsch" erteilt. Ein Schuljahr hat 39 Wochen.
a) Wie viele Stunden erhält die Klasse 4b durchschnittlich pro Woche? 40 Stunden
b) Wie viele Stunden Deutsch erhält sie wöchentlich? 6 Stunden

a) 1560 : 39 = 40
b) 243 : 39 = 6

3. Die Klasse 4b hat während einer Schulwoche immer um 12:00 Uhr die Temperatur im Schulhof abgelesen:

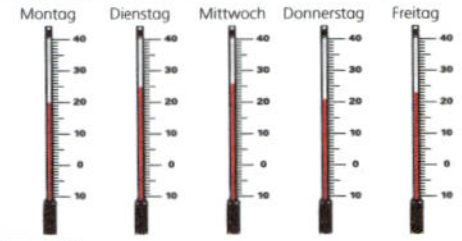


a) Schreibe die Temperatur auf.
Montag 20 °C
Dienstag 25 °C
Mittwoch 26 °C
Donnerstag 21 °C
Freitag 23 °C

b) Berechne die durchschnittliche Temperatur in dieser Woche.
Die Temperatur betrug durchschnittlich 23 °C

20 + 25 + 26 + 21 + 23 = 115
115 : 5 = 23

## 36 Sachaufgaben
Zahlen und Operationen

1. Eine Schokoladenfabrik erzeugt monatlich 853 496 Schachteln Pralinen. Wie viele sind dies durchnittlich pro Tag, wenn an 28 Tagen im Monat produziert wird?
Rechnung: 853 496 : 28 = 30 482
Antwort: Es werden durchschnittlich 30 482 Schachteln Pralinen täglich produziert.

2. Ute geht für ihre Geburtstagsparty noch einige Dinge einkaufen. Sie kauft vier Kisten Apfelschorle zu je 5,99 €, sieben Tüten Chips zu je 1,99 € und verschiedene Süßigkeiten für insgesamt 18,58 €. Sie zahlt mit einem 50 €-Schein und einem 20 €-Schein. Als Wechselgeld erhält sie 11,53 € zurück.
Frage: Stimmt das Wechselgeld?
Rechnung: 4 · 5,99 € + 7 · 1,99 € + 18,58 € = 56,47 € 70 € − 56,47 € = 13,53 €
Antwort: Nein, sie bekommt 2 € zu wenig Wechselgeld zurück.

3. Justus möchte sich einen neuen Fernseher für 1 299 € kaufen. Der Verkäufer macht ihm das Angebot, entweder den Betrag bar oder in 6 Monatsraten mit je 235 € zu bezahlen. Wie viel Euro müsste Justus mehr bezahlen, wenn er den Fernseher in Raten bezahlt?
Rechnung: 6 · 235 € = 1 410 € 1 410 € − 1 299 € = 111 €
Antwort: Er müsste 111 € mehr bezahlen.

4. Wie heißen die gesuchten Zahlen?
a) Gesucht ist die Summe aus dem siebten Teil von 179 298 und dem achtfachen der Zahl 7 205. Die gesuchte Zahl heißt: 83 254
b) Addiere den vierten Teil der Zahl 205232 zur Differenz der Zahlen 738293 und 299381. Die gesuchte Zahl heißt: 490 220
c) Wenn man die gesuchte Zahl mit 17 multipliziert, dann von dem vierten Teil 3834 subtrahiert, erhält man als Ergebnis die Zahl 5074. Die gesucht Zahl heißt: 2 096
d) Dividiere die Summe der Zahlen 58408 und 335538 durch 7. Die gesuchte Zahl heißt: 56 278

5. Finde zu folgender Rechnung eine Sachaufgabe und löse die Rechnung:
5 · (2 500 − 750)
Aufgabe: Viele Lösungen möglich.
Rechnung:

## 2 Lagebeziehungen 1
Raum und Form

1. Prüfe, ob die beiden Geraden senkrecht zueinander stehen. Färbe senkrecht zueinander stehende Geraden grün.
a) b) c)

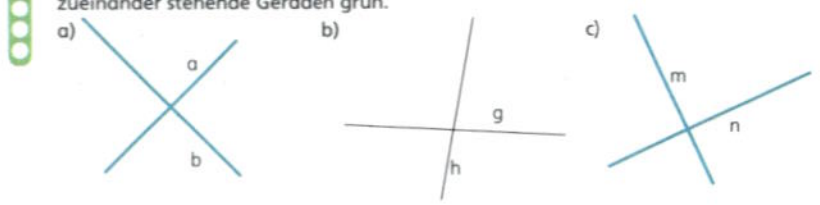


2. Zeichne eine beliebige Senkrechte zur jeweiligen Geraden. Verschiedene Lösungen möglich.
a) b) c)

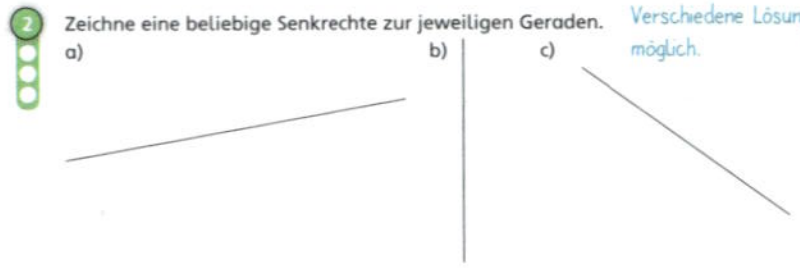

3. Zeichne eine beliebige Parallele zur Geraden durch den Punkt.
a) b) c)

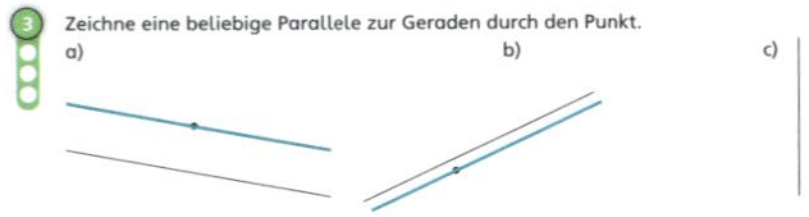

4. Male alle Geraden, die parallel zueinander verlaufen, mit der gleichen Farbe an.
a) b)

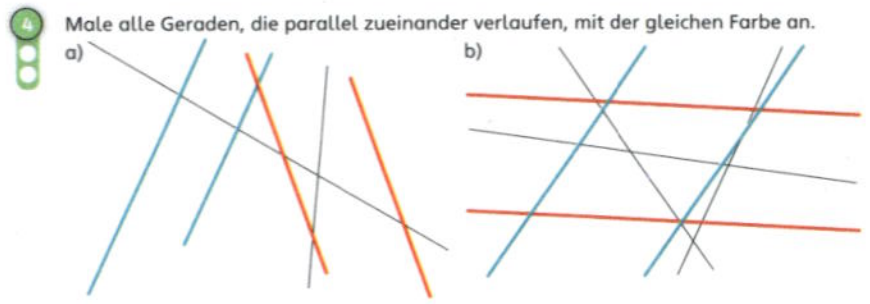

## Lagebeziehungen 2 3
Raum und Form

1. Suche Geraden, die parallel zueinander verlaufen. Zeichne sie grün nach.

2. Sind die Geraden parallel zueinander? Überprüfe Deine Vermutung durch Messung.

Ja, alle Geraden sind parallel zueinander.

3. Welche Beschreibung passt zur Zeichnung? Verbinde.
Ich habe zur Geraden a eine Senkrechte b gezeichnet.
Ich habe zur Geraden b eine Parallele x gezeichnet.

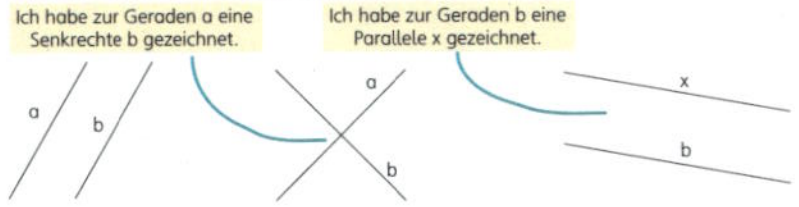


4. Überlege nur im Kopf ohne zu zeichnen.
Du hast die rechts abgebildete Gerade h und den Punkt A
– Zeichne eine senkrechte Gerade zu h durch A. Diese Gerade heißt i.
– Zeichne eine senkrechte Gerade zu i durch einen beliebigen Punkt. Die Gerade heißt m.

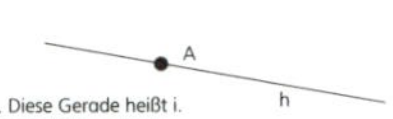


Wie steht Gerade m zur Ausgangsgeraden h? Sie steht parallel zu h.

## 4 Symmetrie
Raum und Form

1. Spiegle die Figur an der Achse.
a) b) c) d) e) f)

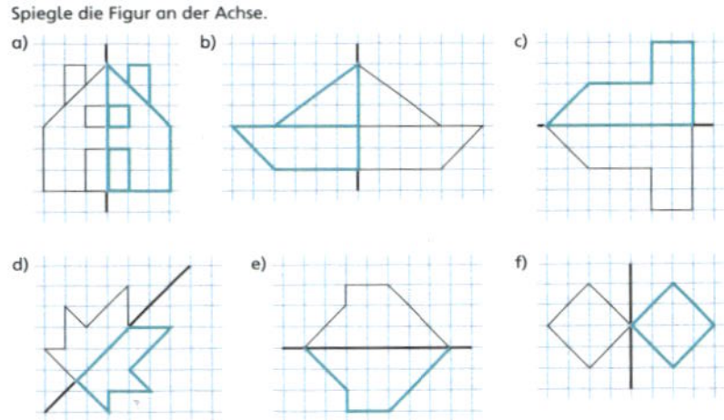

2. Zeichne alle Symmetrieachsen ein.
a) b) c) d)

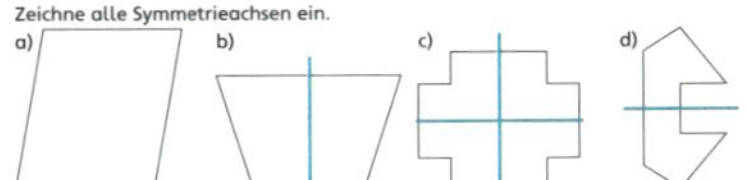

3. Jonas schaut sich im Spiegel von verschiedenen Seiten an.

a) Welches Spiegelbild ist falsch?
☐ A ☐ B ☐ C X D
b) Begründe Dein Ergebnis aus a). Von Jonas aus gesehen, ist der Fleck auf der Wange rechts. Daher kann im Spiegel bei D dieser Fleck eigentlich nicht gesehen werden, da dies die gespiegelte linke Seite von ihm ist.

## Ebene Figuren 1 5
Raum und Form

1. Zeichne die entsprechenden Figuren.
a) Quadrat: Seitenlänge = 3 cm
b) Rechteck: Länge = 3 cm; Breite = 4,5 cm
c) Kreis: Durchmesser = 4 cm
d) Kreis: Radius = 3 cm

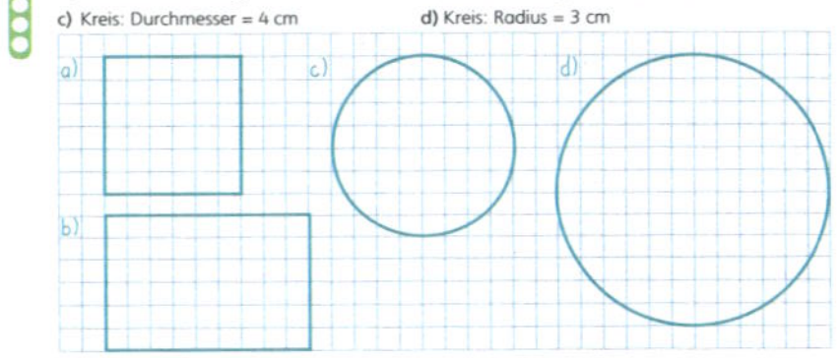

2. Markiere die Figuren, bei denen es sich um Rechtecke handelt.

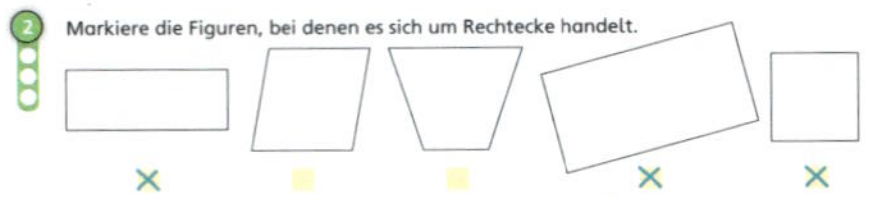

3. Notiere den jeweiligen Buchstaben an der richtigen Stelle im Kreis.
A Radius B Durchmesser
C Mittelpunkt D Kreis

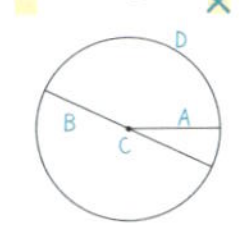


4. Miss den Durchmesser der einzelnen Kreisradien und notiere unten.
a) b) c)

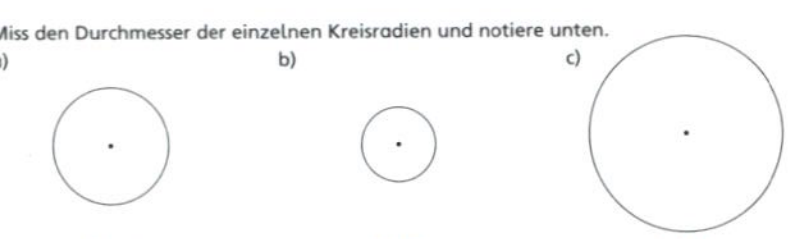

a) 2,5 cm b) 1,6 cm c) 4,2 cm

## 6 Ebene Figuren 2
Raum und Form

1. Zeichne die entsprechenden Kreise.
a) Radius = 4 cm
b) Durchmesser = 6 cm

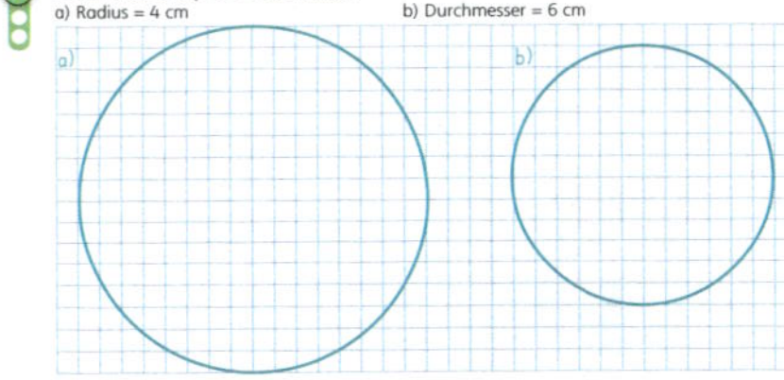

2. Die blaue Strecke ist die Symmetrieachse auf einem Geobrett. Zeichne symmetrische Dreiecke ein. Jedes Dreieck hat den blauen Punkt als Ecke.

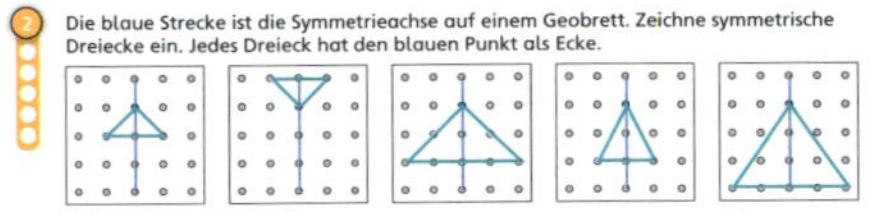

Weitere Lösungen möglich.

3. Wie viele Dreiecke kannst Du insgesamt in der Figur erkennen?

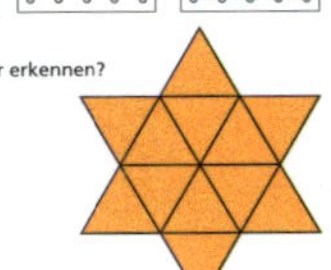

Anzahl der Dreiecke: 20

4. Welches der abgebildeten Puzzleteile ergibt mit Teil Z ein Quadrat?

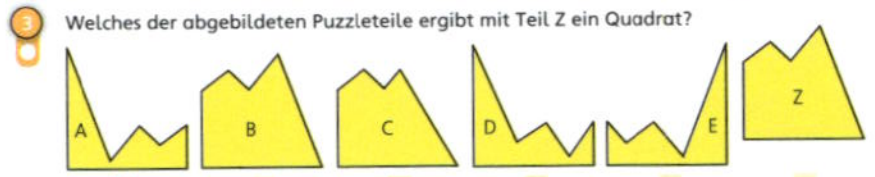


X A

# Körper 1



Raum und Form

1 Erstelle den entsprechenden Bauplan.

a) b) c) d)

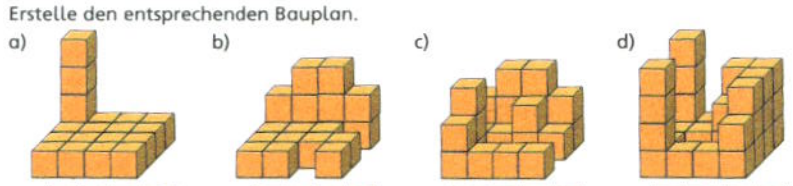

| | | | |
|---|---|---|---|
| 4 | 2 | 1 | 1 |
| 1 | 1 | 1 | 1 |
| 1 | 1 | 1 | 1 |
| 1 | 1 | 1 | 1 |

| | | | |
|---|---|---|---|
| 2 | 3 | 3 | 2 |
| 1 | 1 | 1 | 0 |
| 1 | 1 | 1 | 1 |
| 1 | 1 | 0 | 1 |

| | | | |
|---|---|---|---|
| 2 | 3 | 3 | 2 |
| 1 | 1 | 2 | 1 |
| 3 | 0 | 0 | 0 |
| 2 | 1 | 1 | 1 |

| | | | |
|---|---|---|---|
| 4 | 1 | 3 | 3 |
| 1 | 1 | 2 | 3 |
| 1 | 0 | 0 | 3 |
| 4 | 1 | 1 | 2 |

2 Verbinde die Namen mit dem richtigen Körpernetz.

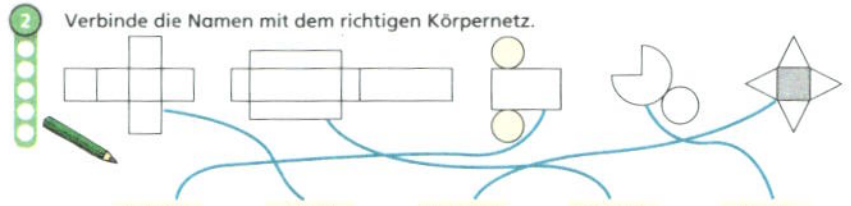

Zylinder Würfel Pyramide Quader Kegel

3 Zeichne die fehlenden Kanten der Quadermodelle ein.

a) b) c)

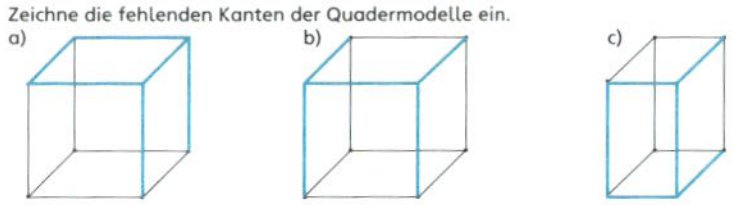

4 Die dargestellten Körper könnten auf die dargestellte Art nicht gebaut werden, da manche Teile in der Luft schweben. Wie viele Würfel musst du mindestens ergänzen, damit das Gebäude stabil ist?

a) b) c) d)

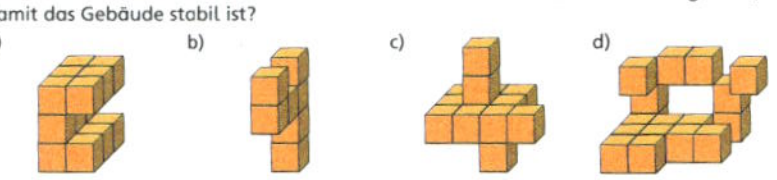

a) 3 b) 4 c) 9 d) 7

# Körper 2



Raum und Form

1 Aus weißen und grauen Würfeln wurde ein Würfelgebäude gelegt. Anschließend wurde gezeichnet, was man von verschiedenen Seiten sieht. Welche Figur wurde gelegt? Kreuze an.

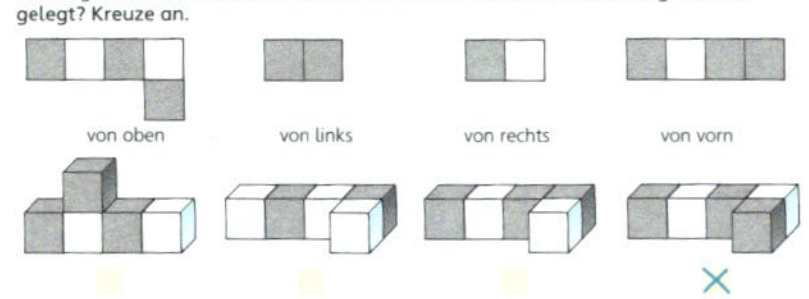

von oben von links von rechts von vorn

2 Zeichne das jeweilige Würfelgebäude von der linken Seitenansicht.

3 Notiere den jeweiligen Körpernamen.

a) Ich besitze 6 gleich große Flächen: Würfel

b) Ich bestehe aus 3 Flächen. 2 meiner Flächen sind gleich groß: Zylinder

c) Ich besitze 12 Kanten. Nicht alle meine Flächen sind gleich groß: Quader

d) Ich besitze keine Ecke. Ich besitze auch nur eine Fläche: Kugel

e) Ich besitze 5 Flächen und 8 Kanten: Pyramide

4 Bernd hat das abgebildete Geschenk erhalten. Das Geschenk ist in einer 10 cm x 10 cm x 40 cm großen Schachtel. Wie lange ist das Band, das um das Geschenk gewickelt wurde?

Das Band ist 280 cm lang.

5 Sina behauptet: „Jeder Quader ist auch ein Würfel".

a) Stimmt das? Kreuze an.

ja ✗ nein

b) Begründe Deine Entscheidung. Ein Würfel hat immer gleich große Seiten. Das gilt nicht für alle Quader.

# Würfelnetze



Raum und Form

1 Aus welchen Netzen lassen sich Würfel falten? Kreuze an.

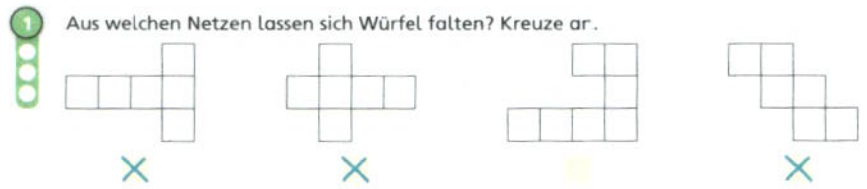

2 Ergänze die angefangenen Netze zu einem Würfelnetz. Hinweis: Oft gibt es auch mehrere richtige Lösungen.

a) b) c)

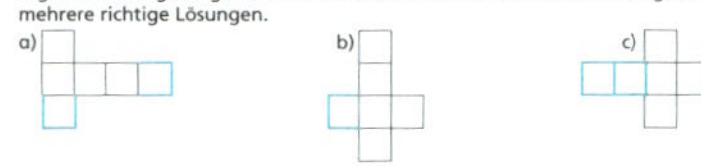

3 Bei welchen Würfelnetzen stoßen die rot markierten Kanten genau aufeinander, wenn man den Würfel zusammen falten würde? Kreuze an.

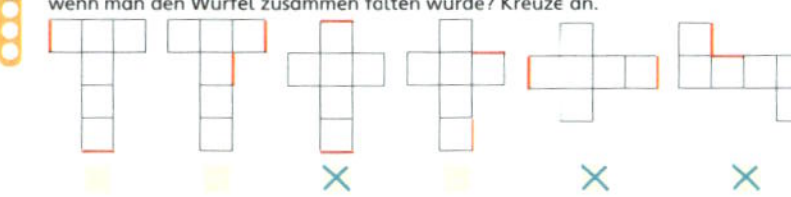

4 Welcher Würfel passt zum Netz? Verbinde.

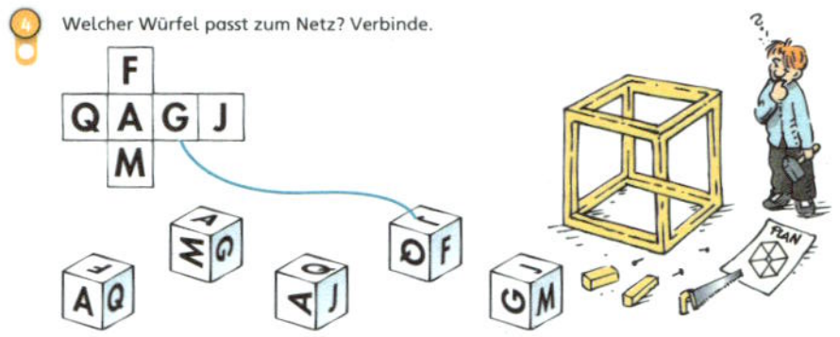

# Verschiedene Übungen



Raum und Form

1 Spiegle die Figuren an der jeweiligen Achse.

a) b)

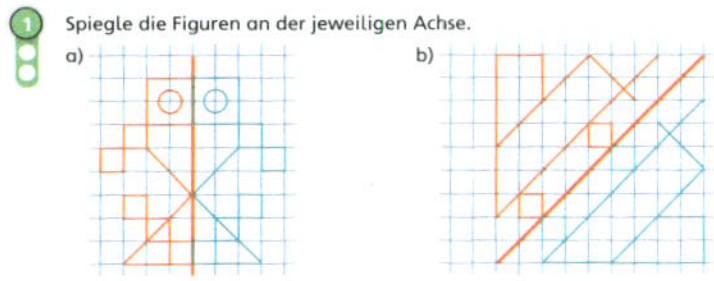

2 Zeichne folgende Figuren

a) Quadrat mit Seitenlänge = 2 cm

b) Rechteck mit Länge = 3 cm und Breite = 2,2 cm

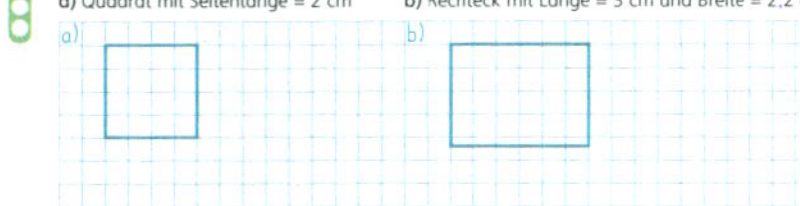

3 Zeichne eine Kreisfigur nach Anleitung.

a) Zeiche einen Kreis mit dem Radius r = 2 cm und markiere den Mittelpunkt dieses Kreises

b) Wähle einen beliebigen Punkt auf dem Kreis. Zeichne um diesen Punkt einen Kreis mit dem gleichen Radius (2 cm). Es entstehen zwei Schnittpunkte mit dem alten Kreis.

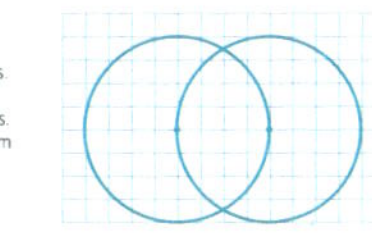

4 Kreuze an, ob die Behauptung wahr oder falsch ist.

a) Ein Quadrat hat vier rechte Winkel. ✗ wahr falsch

b) Es gibt ein Dreieck mit zwei rechten Winkeln wahr ✗ falsch

c) Bei einem Quadrat sind die gegenüberliegenden Seiten gleich lang. ✗ wahr falsch

d) Bei einem Rechteck sind die gegenüberliegenden Seiten gleich lang. ✗ wahr falsch

e) Ein Würfel hat 12 Kanten. ✗ wahr falsch

f) Ein Quader hat 8 Ecken. ✗ wahr falsch

# Geometrische Muster 1



Muster und Strukturen

1 Zeichne die Muster weiter.

a) b) c)

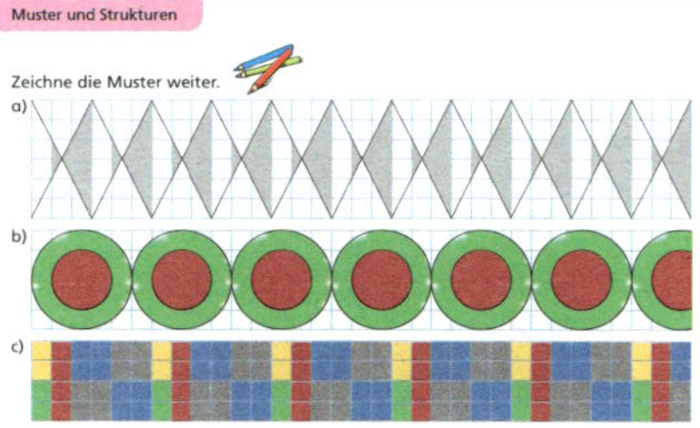

2 Zeichne zwei weitere Quadratgebäude.

3 Finde den Weg im Labyrinth.

a) b)

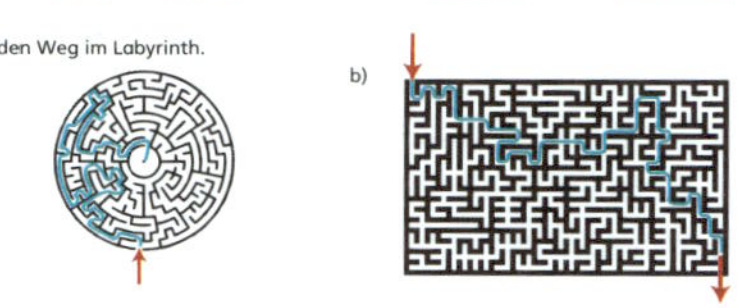

4 Fülle die leeren Felder in der Tabelle aus.

a) b) c)

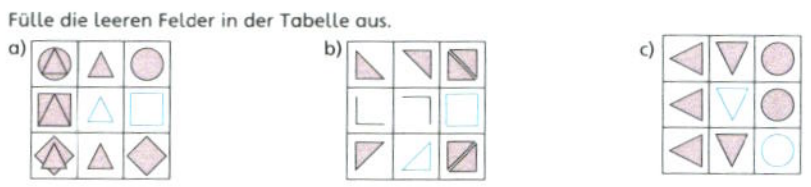

# Geometrische Muster 2



Muster und Strukturen

1 Zeichne die Muster weiter.

a) b)

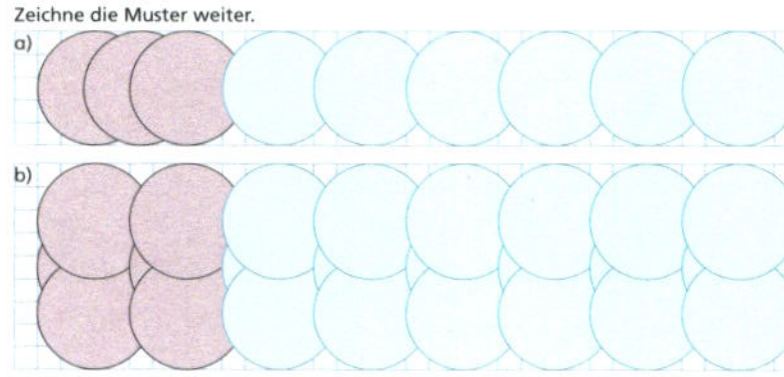

2 Wie geht es weiter?

a) Zeichne das nächste Würfelgebäude.

b) Wie viele kleine Würfel würde das 8. Gebäude besitzen? Gib an ohne zu zeichnen.

36 Würfel

c) Wie viele kleine Würfel würde das 6. Gebäude besitzen? Gib an ohne zu zeichnen.

13 Würfel

3 Erkläre wie das Muster aus dem vorgegebenen Dreieck mit dem Zirkel gezeichnet wurde.

Man sticht mit dem Zirkel in A ein und zieht einen Bogen von C nach B. Danach sticht man in B ein und zieht ein Bogen von C nach A. Dann noch in C einstechen und einen Bogen von A nach B zeichnen.

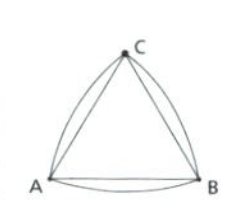

# Arithmetische Muster1



Muster und Strukturen

1 Schreibe die Ergebnisse in die leeren Felder.

a) b) c)

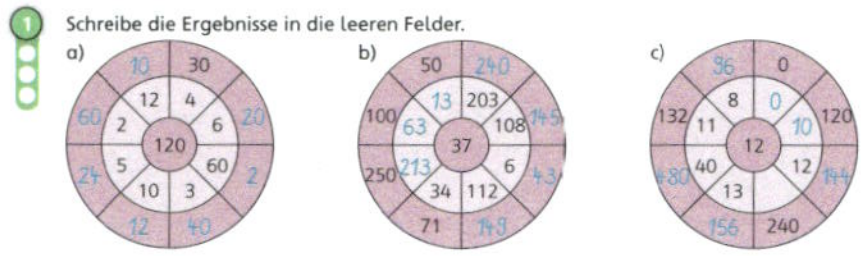

2 Stefan möchte die Zahlen von 1 bis 20 addieren. Er möchte allerdings nicht alle Zahlen einzeln addieren, dies ist ihm zu aufwendig. Welche unten abgebildete Rechnung sollte er benutzen, um schnell zum richtigen Ergebnis zu kommen? Kreuze an.

1 + 20 20 · 21 20 · 19 ✗ 20 · 21 : 2

3 Betrachte folgende Malaufgaben:

11 · 11 = 121 111 · 111 = 12321

Notiere die Ergebnisse der nachfolgenden Aufgaben ohne zu berechnen:

a) 1111 · 1111 = 1234321 b) 11111 · 11111 = 123454321

4 Betrachte die abgebildete Hundertertafel

a) Addiere alle Zahlen einer Spalte. Schreibe die Ergebnisse der grauen, roten und grünen Spalte auf.

| | | | | | | | | | |
|---|---|---|---|---|---|---|---|---|---|
| 1 | 2 | 3 | 4 | 5 | 6 | 7 | 8 | 9 | 10 |
| 11 | 12 | 13 | 14 | 15 | 16 | 17 | 18 | 19 | 20 |
| 21 | 22 | 23 | 24 | 25 | 26 | 27 | 28 | 29 | 30 |
| 31 | 32 | 33 | 34 | 35 | 36 | 37 | 38 | 39 | 40 |
| 41 | 42 | 43 | 44 | 45 | 46 | 47 | 48 | 49 | 50 |
| 51 | 52 | 53 | 54 | 55 | 56 | 57 | 58 | 59 | 60 |
| 61 | 62 | 63 | 64 | 65 | 66 | 67 | 68 | 69 | 70 |
| 71 | 72 | 73 | 74 | 75 | 76 | 77 | 78 | 79 | 80 |
| 81 | 82 | 83 | 84 | 85 | 86 | 87 | 88 | 89 | 90 |
| 91 | 92 | 93 | 94 | 95 | 96 | 97 | 98 | 99 | 100 |

Summe graue Spalte: 460

Summe rote Spalte: 470

Summe grüne Spalte: 480

b) Wie groß ist das Ergebnis, wenn du alle Zahlen in der blauen Spalte addierst?

430

# Arithmetische Muster 2



Muster und Strukturen

1 Betrachte das abgebildete Muster. Trage die fehlenden Zahlen in die Felder ein.

a) b) c)

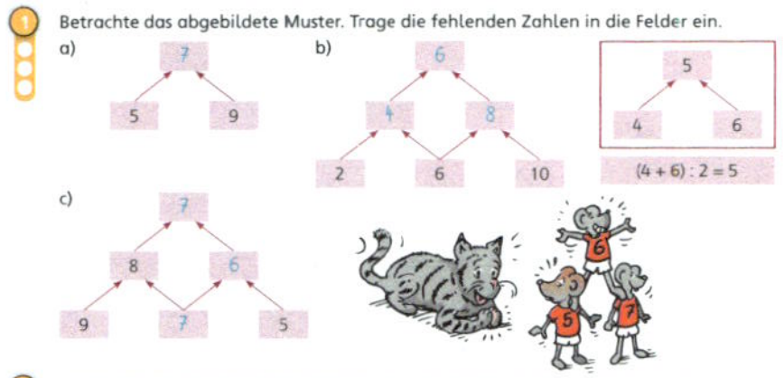

(4 + 6) : 2 = 5

2 ANNA-Zahlen sind vierstellige Zahlen, die wie das Wort ANNA aufgebaut sind. Z. B.: 4774

a) Notiere 6 verschiedenen ANNA-Zahlen

Viele Lösungen möglich

b) Zu 2 verschiedenen Ziffern lassen sich wie viele verschiedene ANNA-Zahlen finden?

2 verschiedene ANNA-Zahlen

3 Gerade Zahlen lassen sich mit Legeplättchen als Doppelreihe legen. Ungerade Zahlen lassen sich als Doppelreihe und einem Extraplättchen legen (siehe unten).

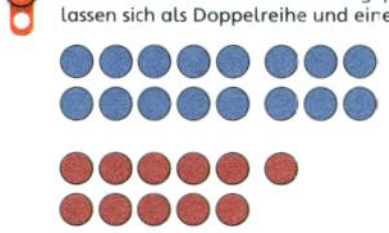

16, gerade Zahl

11, ungerade Zahl

Begründe folgende Aussage mit Hilfe der obigen Zeichnungen: Addiert man zwei ungerade Zahlen, erhält man wieder eine gerade Zahl.

Wenn man eine ungerade Zahl verdoppelt, entstehen 2 Extraplättchen, also wieder eine gerade Zahl.

# Zahlenreihen

Muster und Strukturen

1. Setze die Zahlenreihen um 6 Zahlen fort.
a) 10000, 20000, 30000, 40000, 50000, 60000, 70000, 80000, 90000
b) 100000, 95000, 90000, 85000, 80000, 75000, 70000, 65000, 60000
c) 11000, 22000, 33000, 44000, 55000, 66000, 77000, 88000, 99000
d) 20, 40, 80, 160, 320, 640, 1280, 2560, 5120
e) 7500, 15000, 22500, 30000, 37500, 45000, 52500, 60000, 67500
f) 100000, 0, 99999, 1, 99998, 2, 99997, 3, 99996, 4, 99995
g) 10, 20, 30, 100, 200, 300, 1000, 2000, 3000, 10000, 20000, 30000

2. Wie heißt die Startzahl der Reihe?
a) 3500, 4250, 5000, 5750, 6500 b) 40100, 35000, 29900, 24800
c) 90, 180, 360, 720 d) 3, 6, 18, 108, 1944

3. In jedem Jahr wachsen bei diesem Baum aus jeder Spitze zwei neue Spitzen.

Wie viele Spitzen hat der Baum nach
a) 3 Jahren? 8 b) 4 Jahren? 16 c) 6 Jahren? 64 d) 10 Jahren? 1024

4. Wie viele kleine Quadrate sind in der achten Figur?

1. Figur 2. Figur 3. Figur 8. Figur

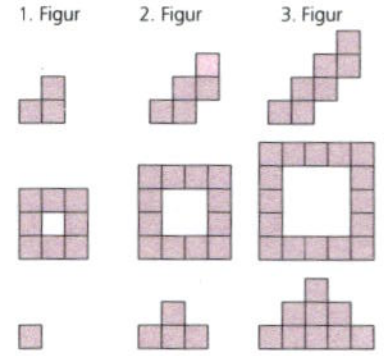

a) 17
b) 36
c) 64

---

# Verschiedene Übungen 1



Muster und Strukturen

1. In welche Richtung dreht sich das rote Zahnrad?
a) b)

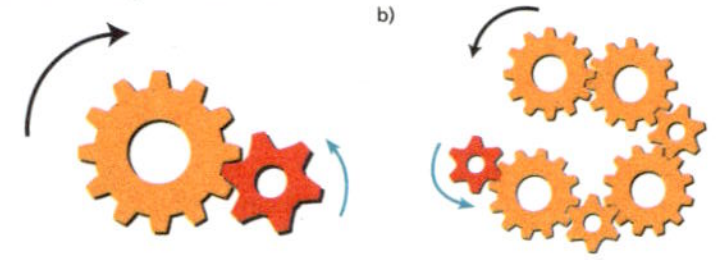

2. Zeichne die Muster um zwei Figuren weiter.
a) b)

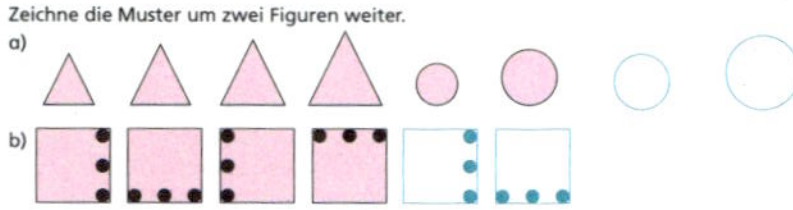

3. Zeichne die Farben entsprechend dem Muster weiter.
a) b) c)

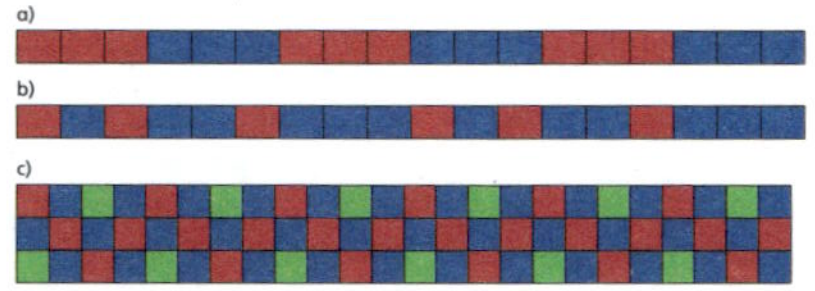

4. Setze die Reihen um fünf Zahlen fort.
a) 1100, 1200, 1300, 1400, 1500, 1600, 1700, 1800
b) 74549, 74449, 74349, 74249, 74149, 74049, 73949, 73849
c) 80101, 81101, 82101, 83101, 84101, 85101, 86101, 87101
d) 102, 103, 205, 308, 513, 821, 1334, 2155, 3489
e) 300, 600, 1200, 2400, 4800, 9600, 19200, 38400

---



# Verschiedene Übungen 2

Muster und Strukturen

1. Setze zwei Aufgaben entsprechend fort.
a) 100000 : 10000 10000 : 1000 1000 : 100, 100 : 10
b) 480 : 5 576 : 6 672 : 7 768 : 8, 864 : 9
c) 425 : 5 375 : 5 325 : 5 275 : 5, 225 : 5

2. Bertrachte die abgebildete Hundertertafel.
a) Streiche folgende Zahlen durch:
- die Vielfachen von 2 (außer der 2),
- die Vielfachen von 3 (außer der 3)
- die Vielfachen von 5 (außer der 5)
- die Vielfachen von 7 (außer der 7)

b) Welche Zahlen bleiben übrig? Was fällt dir auf? Beschreibe.
Es bleiben nur noch Primzahlen übrig.

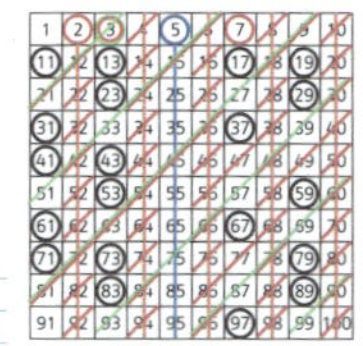

3. Zahlen wie 3553 oder 47374 heißen Spiegelzahlen.
a) Nenne 3 verschiedene fünfstellige Spiegelzahlen. Viele verschiedene Lösungen möglich.
b) Die Umkehrzahl zu 3574 heißt 4753. Schreibe die Umkehrzahlen auf.
4278: 8724 3879: 9783 52068: 86025
c) Betrachte das abgebildete Flussdiagramm. Mit dessen Hilfe kannst du aus jeder beliebigen Zahl eine Spiegelzahl machen. Arbeite mit dem Flussdiagramm und berechne aus 475 eine Spiegelzahl.

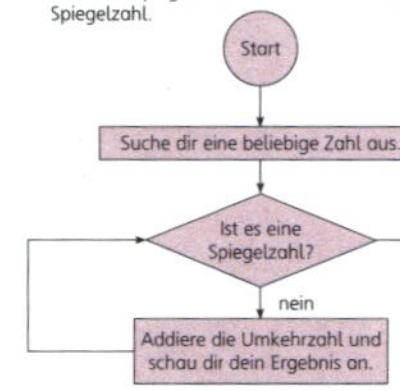


475 + 574 = 1049
1049 + 9401 = 10450
10450 + 5401 = 15851

---



# Geld

Größen und Messen

1. Ordne den Preis den jeweiligen Gegenständen zu.

1000 € 70 € 0,10 € 0,01 € 23000 € 25 €

2. Rechne um und notiere das Ergebnis in der Tabelle.

| Euro | 1,45 | 8,44 | 3,55 | 17,38 | 99,02 | 14,50 | 20,05 | 0,07 |
|---|---|---|---|---|---|---|---|---|
| Cent | 145 | 844 | 355 | 1738 | 9902 | 1450 | 2005 | 7 |

3. Ergänze bis zum nächsten vollen Euro.
a) 11,43 € + 0,57 € = 12 € b) 14,37 € + 0,63 € = 15 € c) 42,88 € + 0,12 € = 43 €
d) 0,21 € + 0,79 € = 1 € e) 147,99 € + 0,01 € = 148 € f) 241,09 € + 0,91 € = 242 €

4. Beim Telefonanbieter Telefonica kostet jede angefangene Minute immer 30 Cent. Schreibe die Telefonkosten für die einzelnen Gesprächsdauern in die Tabelle.

| Gesprächsdauer in min. | 51 s | 42 s | 2 min 15 s | 8 min 3 s |
|---|---|---|---|---|
| Gesprächsdauer in Euro | 0,30 € | 0,30€ | 0,90 € | 2,70 € |

5. Berechne die einzelnen Kosten.

| Gewicht in g | Preis in € |
|---|---|
| 100 | 7,00 |
| 200 | 14,00 |
| 300 | 21,00 |
| 400 | 28,00 |

| Länge in m | Preis in € |
|---|---|
| 100 | 90 |
| 200 | 180 |
| 50 | 45 |
| 25 | 22,50 |

| Zeit in s | Preis in € |
|---|---|
| 10 | 40 |
| 20 | 80 |
| 150 | 600 |
| 200 | 800 |

6. Peter und sein Vater fahren mit dem Zug nach München. Kinder zahlen für die Zugfahrt nur die Hälfte. Die gesamte Fahrt hat 600 € gekostet. Wie viel musste für Peters Fahrkarte bezahlt werden? Peters Fahrkarte kostet 200 €.

---

# Längen 1



Größen und Messen

1. Rechne in die angegebene Einheit um.
a) 1 m = 100 cm; 1 m = 10 dm; 140 cm = 1400 mm; 500 cm = 5 m
b) 1 cm = 10 mm; 1 km = 1000 m; 227 dm = 2270 cm; 3000 m = 3 km
c) 1 dm = 10 cm; 17 m = 1700 cm; 4 km = 4000 m; 900 m = 9000 dm

2. Notiere <, > oder =.
a) 3200 m > 3 km; 135 mm < 14 cm; 2500 m = 2 ½ km
b) 35000 mm < 1 km; 40000 mm > 4 m; 1,4 km > 1040 m
c) 17, 4 m = 174 dm; 0,54 m > 182 mm; 3,05 cm < 35 mm

3. So viel wachsen Nägel und Haare etwa in einem Monat.
Fingernagel: 3 mm
Zehennagel: 1 mm
Kopfhaare: 10 mm

Wie lang wachsen die Haare und Nägel in
a) 8 Wochen
b) Halbes Jahr
c) Ganzes Jahr

| | Fingernagel | Zehennagel | Kopfhaare |
|---|---|---|---|
| 1 Monat | | | |
| 8 Wochen | 6 mm | 2 mm | 20 mm |
| Halbes Jahr | 18 mm | 6 mm | 60 mm |
| Ganzes Jahr | 36 mm | 12 mm | 120 mm |

4. Evi schafft mit dem Fahrrad in einer Stunde 10 km. Evi fährt von Berstadt nach Wölfersheim. Das sind 5 km. Wie lange wird Evi dafür benötigen?
Evi braucht dafür ein halbe Stunde.

5. Neben dem Baum steht ein Kind. Das Kind ist 1,60 m groß. Wie hoch ist der Baum? Notiere eine passende Rechnung und bestimme die ungefähre Baumhöhe.
1,60 m · 3 = 4,8 m
Der Baum ist etwa 5 m hoch.

6. Eine Schnecke versucht eine Mauer hochzukriechen. Die Mauer ist 10 m hoch. Am Tag schafft sie etwa 3 Meter. In der Nacht rutscht sie immer wieder 2 m nach unten. Nach wie viel Tagen ist die Schnecke oben angekommen?
Nach 10 Tagen ist die Schnecke oben angekommen.

---



# Längen 2

Größen und Messen

1. Rechne in die angegebene Einheit um.
a) ½ m = 50 cm; ¾ m = 7,5 dm; 147 mm = 14,7 cm; 1,73 cm = 0,173 m
b) ¼ m = 25 cm; 2 ¼ km = 2250 m; 3,8 dm = 38 cm; 4,5 km = 4500 m
c) 1 ½ dm = 15 cm; 130 cm = 1,3 m; 4,7 km = 4700 m; 147,8 m = 1478 dm

2. Kreuze Aussagen, die wahr sein könnten, an.
- [x] Herr Meier ist 1,85 m groß.
- [ ] Unser Auto (normaler PKW) ist 3 m hoch.
- [ ] Mein Handy ist 50 cm hoch.
- [x] Ein Bett ist etwa 2 m lang.
- [ ] Unser Einfamilienhaus ist 50 m hoch.
- [x] Mein Handy ist 14 cm hoch.

3. Um die Höhe des Kölner Doms zu bestimmen, müsste man etwa 100 Kinder aufeinander stellen. Notiere eine passende Rechnung und bestimme die ungefähre Größe des Doms. 100 · 1,6 m = 160 m
(Mehrere Lösungen möglich) Domhöhe: 156 m

4. Das Auto der Familie Bettner benötigt für 100 km 8 l Benzin.
a) In den Tank des Autos passen 56 l. Wie viele km kann das Auto damit etwa fahren?
Das Auto kann damit ungefähr 700 km fahren.
b) Frau Bettner ist 450 km gefahren. Wie viel Liter Benzin wird sie etwa verbraucht haben?
Sie hat ungefähr 36 l verbraucht.

5. Ordne die Zahlen richtig zu.
Höhe Wasserkuppe in m | Höhe Zugspitze in m | Einwohner Hessen | Einwohner Frankfurt
2962 m | 660000 | 6075000 | 950 m

6. Die Häuser von Julius und Stefan stehen 500 m voneinander entfernt. Julius rennt 80 m in der Minute. Stefan legt in einer Minute 70 m zurück. Beide Jungs gehen zur gleichen Zeit zu Hause los und wollen den anderen besuchen. Nach wie vielen Minuten treffen sie sich? Sie treffen sich nach etwas mehr als 3 Minuten.

---

# Maßstab



Größen und Messen

1. Wie lang sind die einzelnen Körper bzw. Gegenstände in Wirklichkeit? Unter dem Bild ist der Maßstab angegeben. Miss und rechne um.

(1 : 2) 9,6 cm (4 : 1) 0,7 cm (3 : 1) 1 cm (1 : 4) 15,2 cm (3 : 1) 0,5 cm (4 : 1) 0,6 cm

2. Fülle die fehlenden Lücken in der Tabelle aus.

| Länge auf der Karte | 5 cm | 12 cm | 3 cm | 6 cm | 12 cm | 4 cm | 7 cm | 9 cm |
|---|---|---|---|---|---|---|---|---|
| Maßstab | 1:100 | 1:100 | 1:1000 | 1:50 | 1:25 | 1:400 | 1:200 | 1:300 |
| Länge in Wirklichkeit | 5 m | 12 m | 30 m | 3 m | 3 m | 16 m | 14 m | 27 m |

3. Zeichne die Höhen der einzelnen Gebäude im Maßstab 1:2000 in das Säulendiagramm.

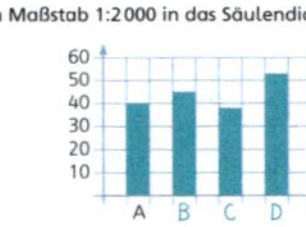


4. Yannik macht eine Fahrradtour (siehe Karte). Er fährt von der Burg zum See, dann zur großen Eiche, über den Spielplatz und von der Mühle zurück zur Burg. Wie viel Kilometer ist er gefahren, wenn der Maßstab der Karte 1:10000 beträgt? Wegstrecke 21 cm. Er ist ungefähr 2,1 km gefahren.

---



# Gewichte 1

Größen und Messen

1. Rechne in die angegebene Einheit um.
a) 1 kg = 1000 g b) 1 t = 1000 kg c) 4000 g = 4 kg
d) 100 t = 100000 kg e) 3 t 500 kg = 3500 kg f) 14 t 222 kg = 14222 kg
g) 52000 g = 52 kg h) 1000000 g = 1 t i) 42 t = 42000 kg

2. Runde auf
a) volle kg: 3 kg 986 g ≈ 4 kg; 14 kg 499 g ≈ 14 kg; 147 kg 394 g ≈ 147 kg; 674 g ≈ 1 kg; 5 ½ kg ≈ 6 kg; 247 g ≈ 0 kg
b) volle t: 4 t 199 kg ≈ 4 t; 599 t 604 kg ≈ 600 t; 999 t 500 g ≈ 1000 t; 2500 g ≈ 0 t; 47 ½ t ≈ 48 t; 34 t 200 kg ≈ 34 t

3. Ergänze zum nächsten Kilogramm.
a) 700 g + 300 g = 1 kg b) 400 g + 600 g = 1 kg c) 657 g + 343 g = 1 kg
d) 5 kg 340 g + 660 g = 6 kg e) 4 kg 591 g + 409 g = 5 kg f) 142 kg 1 g + 999 g = 143 kg

4. Ordne den Tieren das passende Gewicht zu.

5 kg 50 g 6 t 1100 kg 700 kg

5. Ein Lastwagen wiegt mit seiner Ladung Eisenstäbe 42500 kg. Ohne die Ladung wiegt er 26400 kg. Wie viel kg Eisenstäbe hat der Lastwagen geladen?
42500 kg − 26400 kg = 16100 kg
Er hat 16100 kg Eisenstäbe geladen.

6. Betrachte die beiden Verpackungen. Peter benötigt 12 kg Zwiebeln. Wie kann er diese am günstigsten kaufen? Begründe deine Entscheidung.
Er sollte 3 · 4 kg Netze kaufen. Diese kosten 6 €. Von den kleinen Netzen würde er 4 Stück benötigen. Diese Kosten 6,40 €.

## Gewichte 2

Größen und Messen

**1** Rechne in die angegebene Einheit um.

a) ½ kg = 500 g b) ¼ t = 250 kg c) 3½ kg = 3 500 g
d) 2,5 kg = 2 500 g e) 13,7 t = 13 700 kg f) 2,89 kg = 2 890 g
g) 5 242 g = 5,242 kg h) 249 g = 0,249 kg i) 10 502 kg = 10,502 t

**2** Ordne der Größe nach. Beginne mit dem kleinsten Gewicht.

a) 525 g 3 t 4 kg 724 kg 234 t 17 t 47 g 100 kg
47 g < 525 g < 4 kg < 100 kg < 724 kg < 3 t < 17 t < 234 t

b) 2½ kg 3,5 t 2,6 kg 3400 kg 0,5 t 7 854 kg 13 t 15 745 kg 1,5 kg
1,5 kg < 2½ kg < 2,6 kg < 0,5 t < 3400 kg < 3,5 t < 7854 kg < 13 t < 15745 kg

**3** Herr Schmidt wiegt 71 kg. Seine Tochter Jasmin ist nur halb so schwer. Wie viel kg wiegt Jasmin?

Rechnung: 71 kg : 2 = 35,5 kg
Antwort: Sie wiegt 35,5 kg

**4** Das Elefantenbaby Dumbo wiegt bei seiner Geburt 102 kg. Es nimmt anfänglich pro Woche etwa 7 kg zu.

a) Wie schwer ist Dumbo nach drei Wochen? 123 kg
b) Wie schwer ist Dumbo nach zehn Wochen? 172 kg

**5** Das Diagramm zeigt die wöchentliche Weizenproduktion der Gemeinde Ranstadt (vom 13.08.07 bis 19.08.07)

a) Notiere die Daten in die Tabelle.
b) Wie viel Tonnen Weizen wurden in der gesamten Woche produziert?
Es wurden 2,25 t produziert.

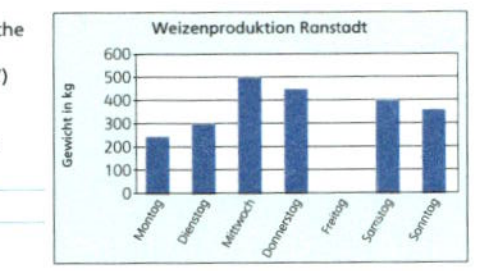


| Tag | Montag | Dienstag | Mittwoch | Donnerstag | Freitag | Samstag | Sonntag |
|---|---|---|---|---|---|---|---|
| Gewicht in kg | 250 | 300 | 500 | 450 | 0 | 400 | 350 |
| Gewicht in t | 0,25 | 0,3 | 0,5 | 0,45 | 0 | 0,4 | 0,35 |



## Zeit 1

Größen und Messen

**1** Notiere die Uhrzeit.

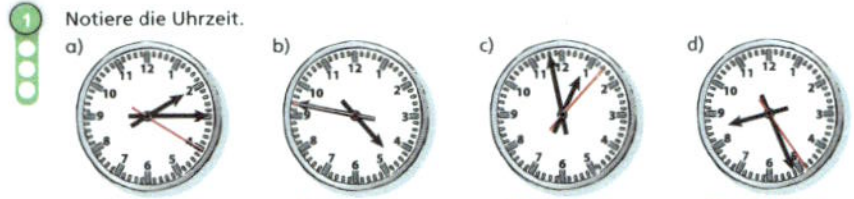

a) 02:15 Uhr 20 s / 14:15 Uhr 20 s
b) 04:47 Uhr 47 s / 16:47 Uhr 47 s
c) 00:58 Uhr 7 s / 12:58 Uhr 7 s
d) 08:26 Uhr 24 s / 20:26 Uhr 24 s

**2** Wandle in die angegebene Einheit um.

a) 1 min = 60 s b) 1 h = 60 min c) 1 d = 24 h
d) 1 Woche = 7 Tage e) 7 min = 420 s f) 3 d = 72 h
g) 12 Wochen = 84 Tage h) 3 600 s = 1 h i) 11 min = 660 s

**3** Trage die Zeitdauer in die Tabelle ein.

| Anfang | 02:45 Uhr | 03:15 Uhr | 12:30 Uhr | 07:20 Uhr | 23:27 Uhr |
|---|---|---|---|---|---|
| Ende | 04:00 Uhr | 05:00 Uhr | 19:15 Uhr | 11:47 Uhr | 08:22 Uhr |
| Zeitdauer | 1 h 15 min | 1 h 45 min | 6 h 45 min | 4 h 27 min | 8 h 55 min |

**4** Unten sind die Hausaufgabenzeiten von Dennis aus der letzten Woche abgebildet.

a) Notiere die Daten in die Tabelle.
b) Wie viele Stunden hat Dennis in der letzten Woche insgesamt Hausaufgaben gemacht?
7 h 20 min
c) Wie viele Minuten hat Dennis im Schnitt pro Tag an seinen Hausaufgaben gesessen?
88 min

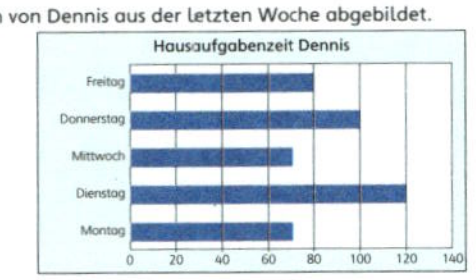


| Tag | Montag | Dienstag | Mittoch | Donnerstag | Freitag |
|---|---|---|---|---|---|
| Zeit in min | 70 min | 120 min | 70 min | 100 min | 80 min |
| Zeit in h und min | 1 h 10 min | 2 h | 1 h 10 min | 1 h 40 min | 1 h 20 min |



## Zeit 2

Größen und Messen

**1** Wandle in die angegebene Einheit um.

a) 4 min 20 s = 260 s b) 5 h 35 min = 335 min c) ½ Tag = 12 h
d) ½ h = 30 min e) ¼ h = 15 min f) 3½ h = 210 min
g) 120 h = 5 Tage h) 480 h = 20 Tage i) 3 Wochen = 504 h

**2** Fülle die leeren Felder in der Tabelle aus.

| Anfang | 10:20 Uhr | 12:47 Uhr | 13:05 Uhr | 7:24 Uhr | 19:47 Uhr |
|---|---|---|---|---|---|
| Ende | 04:00 Uhr | 15:12 Uhr | 17:52 Uhr | 08:46 Uhr | 03:20 Uhr |
| Zeitdauer | 17 h 40 min | 2 h 25 min | 4 h 47 min | 1 h 22 min | 7 h 33 min |

**3** Analena benötigt 3 Stunden und 10 Minuten, um zur Saalburg zu laufen. An der Saalburg schaut sie sich 1 Stunde und 5 Minuten um. Für den Rückweg benötigt sie die gleiche Zeit wie für den Hinweg. Um 17:30 Uhr ist Analena zu Hause. Wann ist sie von zu Hause losgelaufen?

Sie ist um 10:05 Uhr losgelaufen.

**4** Die Sommerzeit eines jeden Jahres beginnt am letzten Sonntag im März. Wird die Uhr an diesem Tag um eine Stunde vor- oder zurückgestellt? Kreuze an.

☐ Vorgestellt ☒ Zurückgestellt

**5** Peter fährt mit seinem Fahrrad auf flacher Strecke mit einer Geschwindigkeit von 25 km/h.

a) Wie lange braucht Peter für eine 50 km lange Strecke? Er braucht 2 h.
b) Peter ist insgesamt 3,5 h ohne Steigung gefahren. Wie viele Kilometer hat er zurückgelegt?
Er ist 87,5 km gefahren.

**6** Stefan behauptet: „Ich habe eigentlich immer nur alle 4 Jahre Geburtstag, ich bin aber trotzdem so alt wie meine Klassenkameraden".

a) An welchem Datum hat Stefan Geburtstag? 29.02.
b) Notiere die nächsten Schaltjahre. 2000, 2004, 2008, 2012, 2016, 2020
c) Sind 10 Jahre immer genau 3650 Tage? Kreuze an.
☐ Ja ☒ Nein
d) Begründe deine Auswahl in c). Innerhalb dieser Zeitspanne gibt es mehrere Schaltjahre, daher sind es mehr Tage.



## Flächen und Umfang 1

Größen und Messen

**1** Wie viel Karokästchen passen in jede Figur? Notiere in der Tabelle.

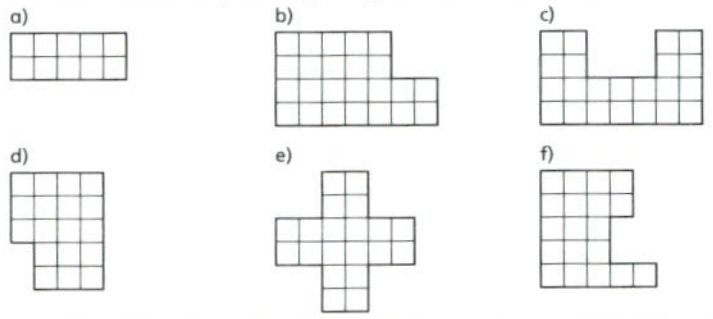


| Nummer | a) | b) | c) | d) | e) | f) |
|---|---|---|---|---|---|---|
| Anzahl Karos | 8 | 24 | 22 | 18 | 20 | 19 |

**2** Zeichne zwei unterschiedliche Figuren mit dem Flächeninhalt von 12 Quadratzentimetern.

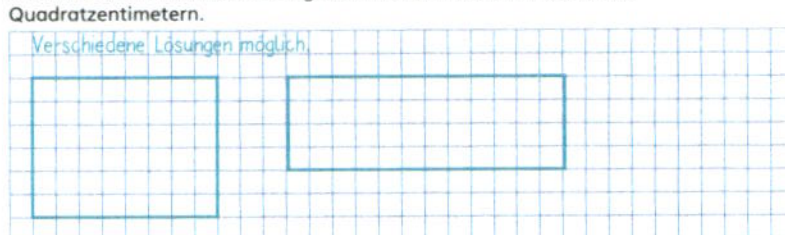


**3** Bestimme den Umfang der Figuren.

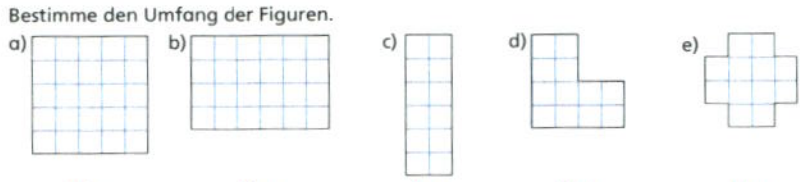

a) 10 cm b) 10 cm c) 8 cm d) 8 cm e) 8 cm

**4** Betrachte die Lösungen der Aufgabe 1a. Wie kann man den Flächeninhalt eines Rechtecks ohne Abzählen noch bestimmen?

Durch Multiplikation $4 \cdot 2 = 8$



## Flächen und Umfang 2

Größen und Messen

**1** Bestimme den Flächeninhalt der Figuren mit Hilfe der Karokästchen. Welche hat den kleinsten Flächeninhalt? Kreise ein.

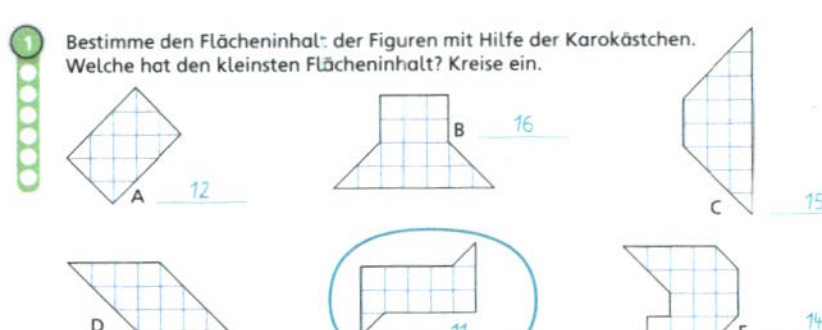


**2** Zeichne zwei unterschiedliche Rechtecke mit dem Umfang von 16 cm.

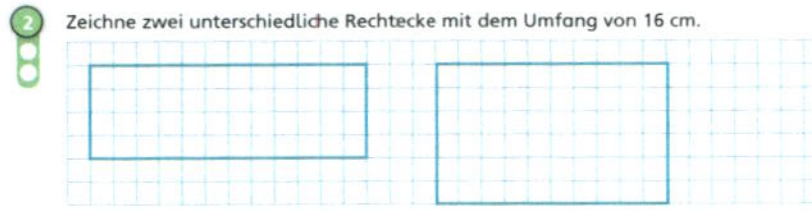

**3** Jonas möchte den Umfang des abgebildeten Rechtecks berechnen. Kreuze die richtige Rechnung an.

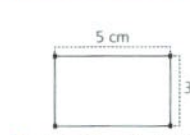


☐ 5 cm + 3 cm ☐ 5 cm · 3 cm ☒ 2 · 5 cm + 2 · 3 cm ☐ 5 cm + 3 cm + 3 cm

**4** Betrachte die beiden Figuren unten.

a) Welche der beiden Flächen ist größer? Kreuze an.
☐ Figur A ☐ Figur B ☒ Gleich groß

b) Begründe Deine Entscheidung

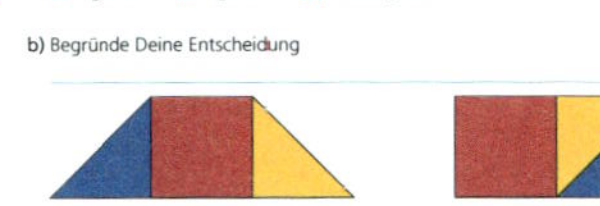




## Hohlmaße 1

Größen und Messen

**1** Wandle in die angegebene Einheit um.
Beachte: 1 000 ml = 1 l

a) 2 000 ml = 2 l b) 5 000 ml = 5 l c) 8 l = 8 000 ml
d) 20 l = 20 000 ml e) 38 l = 38 000 ml f) 400 000 ml = 400 l

**2** Ergänze zum nächsten vollen Liter:

a) 750 ml + 250 ml = 1 l b) 450 ml + 550 ml = 1 l
c) 2 500 ml + 500 ml = 3 l d) 11 228 ml + 772 ml = 12 l
e) 411 ml + 589 ml = 1 l f) 13 479 ml + 521 ml = 14 l

**3** Berechne den Rauminhalt der Körper. Wie viele Zentimeterwürfel sind in den einzelnen Körpern?

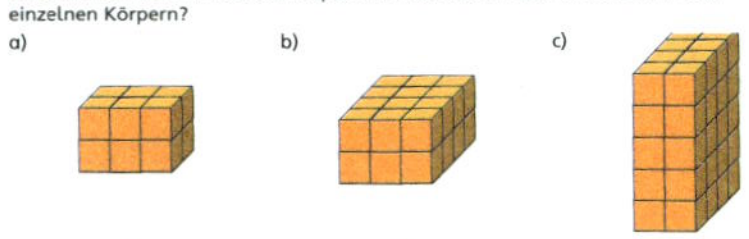

a) 12 b) 24 c) 40

**4** Jeder Mensch verbraucht pro Tag etwa 140 l Wasser.

a) Wie viele 10-Liter-Eimer benötigt man für die 140 l Wasser? 14 Eimer
b) Wie viel ml sind 140 l? 140 000 ml
c) Nenne 3 Dinge, für die man täglich je mehr als 10 l Wasser verbraucht.
Toilettenspülung, Duschen, Waschmaschine, Spülmaschine, ...

**5** Ordne den Gefäßen ihre Füllmenge zu.

## Hohlmaße 2

Größen und Messen

**1** Wandle in die angegebene Einheit um.

a) ½ l = 500 ml b) ¼ l = 250 ml c) 3,45 l = 3 450 ml
d) 4 200 ml = 4,2 l e) 1,08 l = 1 080 ml f) 447 ml = 0,447 l

**2** Rechts ist ein Rezept für eine Bowle für 4 Personen abgebildet. Notiere die benötigten Mengen für 2 Personen, 8 Personen und 6 Personen in der Tabelle.

| | 2 Personen | 6 Personen | 8 Personen |
|---|---|---|---|
| Wasser | 300 ml | 900 ml | 1 200 ml |
| Apfelsaft | 100 ml | 300 ml | 400 ml |
| Bananensaft | 80 ml | 240 ml | 320 ml |

**3** Berechne den Rauminhalt der Körper. Wie viele Zentimeterwürfel sind in den einzelnen Körpern?

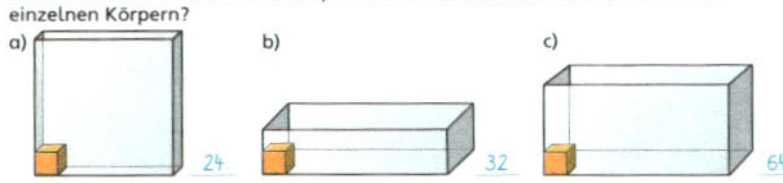

a) 24 b) 32 c) 64

**4** Betrachte das abgebildete Säulendiagramm.

a) Notiere die einzelnen Wassermengen in die Tabelle.
b) Wie viel Liter Wasser verbraucht Familie Euler am Tag insgesamt? 365 l
c) Wie viel Liter Wasser verbraucht Familie Euler in der Woche? 2 555 l
d) Wie viel Liter Wasser verbraucht Familie Euler im Jahr? ca. 133 225 l

| Art | WC | Dusche | Zähne putzen | Hände waschen | Waschmaschine | Geschirrspüler |
|---|---|---|---|---|---|---|
| Volumen in l | 130 | 110 | 5 | 70 | 20 | 30 |

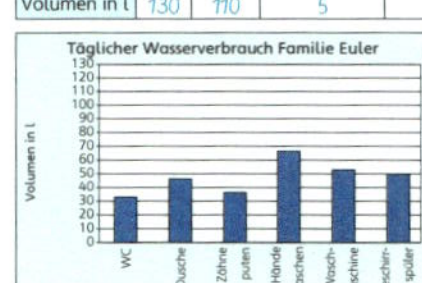

## Verschiedene Übungen

Größen und Messen

**1** Wandle in die angegebene Einheit um.

| a) | | b) | | c) | |
|---|---|---|---|---|---|
| 14 € = | 1 400 ct | 3,68 € = | 368 ct | 68 ct = | 0,68 € |
| 4 257 € = | 425 700 ct | 24 m = | 240 dm | 3 km = | 3 000 m |
| 450 mm = | 45 cm | 3,85 m = | 385 cm | 17 mm = | 1,7 cm |
| 3 000 g = | 3 kg | 12 t = | 1 200 kg | 13 t = | 13 000 kg |
| 3,64 kg = | 3 640 g | 5 h = | 300 min | 3 d = | 72 h |
| ½ min = | 30 s | ¼ h = | 15 min | 3 l = | 3 000 ml |
| 45 000 ml = | 45 l | 3,26 l = | 3 260 ml | 0,54 l = | 540 ml |

**2** Herr Zimmer war auf Dienstreise von Frankfurt nach Kassel (einfache Strecke: 200 km). Für einen Kilometer erhält er 30 Cent Fahrtkosten erstattet. Wie viel € erhält Herr Zimmer am Ende der Reise von seiner Firma?

Er erhält 120 €.

**3** Eine Pumpe schafft es in 30 Minuten 150 l Wasser zu befördern.

a) Wie viel Liter Wasser schafft die Pumpe in 1 h (10 Minuten, 1 Minute)?
1 h 300 l 10 min 50 l 1 min 5 l

b) Das Planschbecken von Bernd fasst 180 l. Wie lange braucht die Pumpe, um das Becken zu füllen? Die Pumpe braucht 36 min.

**4** Betrachte die Abbildung rechts.

a) Setze die beiden Muster entsprechend fort
b) Berechne die Länge der beiden Gesamtstrecken. A: 31,5 cm B: 35,5 cm
c) Wie viel Zentimeter ist die eine Strecke länger als die andere?
4 cm

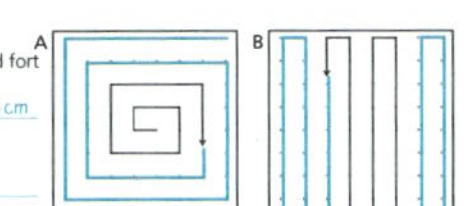


**5** Das Fass hat ein Eigengewicht von 18 kg. 1 Liter Wasser wiegt etwa 1 kg. Wie schwer sind die abgebildeten Fässer?

158 kg 468 kg 356 kg 524 kg

## Tabellen 1



**2** Der Sänger „Seno" hat die einzelnen Zuschauerzahlen aus seinen letzten Auftritten notiert. Beantworte die entsprechenden Fragen.

| | Frankfurt | Kassel | Bremen |
|---|---|---|---|
| Vordere Reihe | 398 | 458 | 492 |
| Mittlere Reihe | 401 | 542 | 600 |
| Hintere Reihe | 612 | 698 | 705 |

a) In welcher Stadt waren die meisten Zuschauer?
In Bremen waren die meisten Zuschauer.

b) Wie viele Zuschauer waren in etwa in jeder Stadt? Notiere.

| | Frankfurt | Kassel | Bremen |
|---|---|---|---|
| Zuschauer | 1400 | 1700 | 1800 |

**3** Lies die Daten aus der Tabelle und fülle die leere Tabelle aus.

| Name | Geschlecht | Lieblingstier | Sport | Schwimmer |
|---|---|---|---|---|
| Sena | w | Hund | Reiten | ja |
| Jonas | m | Hamster | Fußball | ja |
| Melanie | w | Fischer | Lesen | ja |
| Erik | m | Hund | Fahrrad fahren | nein |
| Yannik | m | Hund | Fußball | ja |
| Marco | m | Hamster | Fahrrad fahren | nein |
| Martina | w | Katze | Lesen | nein |

| | Geschlecht | | Schwimmer | | Sport | | | |
|---|---|---|---|---|---|---|---|---|
| | m | w | ja | nein | Reiten | Fußball | Lesen | Fahrrad |
| Anzahl | 4 | 3 | 4 | 3 | 1 | 2 | 2 | 2 |

**4** Betrachte den abgebildeten Busfahrplan und beantworte die Fragen.

a) Toni muss 08:20 Uhr in Gelnhausen sein. Um wie viel Uhr muss er spätestens in Hungen losfahren? 07:05 Uhr

b) Steffi ist um 09:38 Uhr in Effolderbach angekommen. Um wie viel Uhr ist sie in Hungen losgefahren? 09:05 Uhr

c) Wie lange dauert die Fahrzeit von Gießen nach Gelnhausen? 1h 15min

**Fahrplan Gießen – Gelnhausen**

| | | | | | | | |
|---|---|---|---|---|---|---|---|
| Gießen | 06:20 | 06:50 | 07:20 | 07:50 | 08:20 | 08:50 | 09:20 |
| Langsdorf | 06:30 | 07:00 | 07:30 | 08:00 | 08:30 | 09:00 | 09:30 |
| Hungen | 06:35 | 07:05 | 07:35 | 08:05 | 08:35 | 09:05 | 09:35 |
| Inheiden | 06:42 | 07:12 | 07:42 | 08:12 | 08:42 | 09:12 | 09:42 |
| Trais | 06:45 | 07:15 | 07:45 | 08:15 | 08:45 | 09:15 | 09:94 |
| Widdersheim | 06:55 | 07:25 | 07:55 | 08:25 | 08:55 | 09:25 | 09:55 |
| Bad Salzhausen | 06:59 | 07:29 | 07:59 | 08:29 | 08:59 | 09:29 | 09:59 |
| Nidda | 07:03 | 07:33 | 08:03 | 08:33 | 09:03 | 09:33 | 10:03 |
| Randstadt | 07:12 | 07:42 | 08:12 | 08:42 | 09:12 | 09:42 | 10:12 |
| Effolderbach | 07:18 | 07:38 | 08:18 | 08:38 | 09:18 | 09:38 | 10:18 |
| Stockheim | 07:22 | 07:52 | 08:22 | 08:52 | 09:22 | 09:52 | 10:22 |
| Gelnhausen | 07:35 | 08:05 | 08:35 | 09:05 | 09:35 | 10:05 | 10:35 |

## Tabellen 2





**1** Unten siehst du die Ergebnisse einiger Spielpaarungen der Fußballbundesliga in der Saison 2007/2008. Beantworte die Fragen unter der Tabelle.

| | Bayern München | Werder Bremen | Hamburger SV | Schalke 04 | Bayer Leverkusen | Hertha BSC Berlin | Borussia Dortmund | 1. FC Nürnberg | VfB Stuttgart | MSV Duisburg | Hansa Rostock | Hannover 96 | Arminia Bielefeld | Eintracht Frankfurt | VfL Wolfsburg |
|---|---|---|---|---|---|---|---|---|---|---|---|---|---|---|---|
| Bayern München | | 1:1 | 1:1 | 1:1 | 2:1 | 4:1 | 5:0 | 3:0 | 4:1 | 0:0 | 3:0 | 3:0 | 2:0 | 0:0 | 3:1 |
| Werder Bremen | 0:4 | | 2:1 | 5:1 | 5:2 | 3:2 | 2:0 | 2:0 | 4:1 | 1:2 | 1:0 | 6:1 | 8:1 | 2:1 | 0:1 |
| Hamburger SV | 1:1 | 0:1 | | 0:1 | 1:0 | 2:1 | 1:0 | 1:0 | 4:1 | 0:1 | 2:0 | 1:1 | 1:1 | 4:1 | 2:2 |
| Schalke 04 | 0:1 | 1:1 | 1:1 | | 1:1 | 1:0 | 4:1 | 2:1 | 4:1 | 2:1 | 1:0 | 1:1 | 3:0 | 1:0 | 1:2 |
| Bayer Leverkusen | 0:1 | 0:1 | 1:1 | 1:0 | | 1:2 | 2:2 | 4:1 | 3:0 | 4:1 | 3:0 | 2:0 | 4:0 | 0:2 | 2:2 |
| Hertha BSC Berlin | 0:0 | 1:2 | 0:0 | 1:2 | 0:3 | | 3:2 | 1:0 | 3:1 | 2:0 | 1:3 | 1:0 | 1:0 | 0:3 | 2:1 |
| Borussia Dortmund | 0:0 | 3:0 | 0:3 | 2:3 | 2:1 | 1:1 | | 0:0 | 3:2 | 1:3 | 1:0 | 1:3 | 6:1 | 1:1 | 2:4 |
| 1. FC Nürnberg | 1:1 | 0:1 | 0:0 | 0:2 | 1:2 | 2:1 | 2:0 | | 0:1 | 2:0 | 1:1 | 2:2 | 2:2 | 5:1 | 1:0 |
| VfB Stuttgart | 3:1 | 6:3 | 1:0 | 2:2 | 1:0 | 1:3 | 1:2 | 3:0 | | 1:0 | 4:1 | 0:2 | 2:2 | 4:1 | 3:1 |
| MSV Duisburg | 2:3 | 1:3 | 0:1 | 0:2 | 3:2 | 1:2 | 3:3 | 1:0 | 2:3 | | 1:1 | 1:1 | 3:0 | 0:1 | 1:3 |
| Hansa Rostock | 1:2 | 1:2 | 1:3 | 1:1 | 1:2 | 0:0 | 0:1 | 1:2 | 2:1 | 2:0 | | 0:3 | 1:1 | 1:0 | 0:1 |
| Hannover 96 | 0:3 | 4:3 | 0:1 | 2:3 | 0:3 | 2:2 | 2:1 | 2:1 | 0:0 | 2:1 | 3:0 | | 2:2 | 2:1 | 2:2 |
| Arminia Bielefeld | 0:1 | 1:1 | 0:1 | 0:2 | 1:0 | 2:0 | 2:2 | 3:1 | 2:0 | 0:2 | 4:2 | 0:2 | | 2:2 | 0:1 |
| Eintracht Frankfurt | 1:3 | 1:0 | 2:1 | 2:2 | 2:1 | 1:0 | 1:1 | 1:3 | 1:4 | 4:2 | 1:0 | 0:0 | 2:1 | | 2:3 |
| VfL Wolfsburg | 0:0 | 1:1 | 1:1 | 1:1 | 1:2 | 0:0 | 4:0 | 3:1 | 4:0 | 2:1 | 1:0 | 3:2 | 1:3 | 2:2 | |

a) Wie lautet das Ergebnis VFB Stuttgart gegen Borussia Dortmund?
Der VFB Stuttgart hat 1:2 gegen Dortmund verloren.

b) Wie lautet das Ergebnis VfB Stuttgart gegen Bayern München? 3 : 1

c) Wie spielte Hannover 96 gegen VfL Wolfsburg? 2 : 2

d) Wie oft gewann der Hamburger Sportverein gegen Hansa Rostock? 2 mal

e) In welchem Spiel wurden die meisten Tore erziehlt? VFB Stuttgart : Werder Bremen
6 : 3 9 Tore

**2** Die drei Kinder haben folgende Leistungen bei den Bundesjugendspielen erzielt. Trage die Punkte in die Tabelle ein.

| Name | 50 m-Lauf | Schlagball | Weitsprung | Punkte Gesamt |
|---|---|---|---|---|
| Evi | 10,1 s | 28 m | 2,65 m | 179 + 373 + 256 = 808 |
| Loreen | 9,5 s | 22 m | 2,53 m | 225 + 305 + 238 = 768 |
| Leoni | 9,8 s | 38 m | 2,57 m | 201 + 473 + 245 = 919 |

Mädchen

| | | | | | | | | | | | | | | | | | | | | | | | | |
|---|---|---|---|---|---|---|---|---|---|---|---|---|---|---|---|---|---|---|---|---|---|---|---|---|
| 50 m | | | | | | | | | | | | | | | | | | | | | | | | |
| 10,2 | 10,1 | 10,0 | 9,9 | 9,8 | 9,7 | 9,6 | 9,5 | 9,4 | 9,3 | 9,2 | 9,1 | 9,0 | 8,9 | 8,8 | 8,7 | 8,6 | 8,5 | 8,4 | 8,3 | 8,2 | 8,1 | 8,0 | 7,9 | 7,8 |
| 172 | 179 | 187 | 194 | 201 | 209 | 217 | 225 | 233 | 241 | 249 | 258 | 267 | 276 | 285 | 294 | 304 | 314 | 324 | 334 | 344 | 355 | 366 | 377 | 389 |
| Schlagball 80 g | | | | | | | | | | | | | | | | | | | | | | | | |
| 15,5 | 16,0 | 16,5 | 17,0 | 17,5 | 18,0 | 18,5 | 19,0 | 19,5 | 20,0 | 20,5 | 21,0 | 21,5 | 22,0 | 22,5 | 23,0 | 23,5 | 24,0 | 24,5 | 25,0 | 25,5 | 26,0 | 26,5 | 27 | 27,5 |
| 218 | 226 | 233 | 240 | 247 | 253 | 260 | 267 | 273 | 280 | 266 | 292 | 299 | 305 | 311 | 317 | 323 | 329 | 334 | 340 | 346 | 351 | 357 | 363 | 368 |
| 28,0 | 28,5 | 29,0 | 29,5 | 30,0 | 30,5 | 31,0 | 31,5 | 32,0 | 32,5 | 33,0 | 33,5 | 34,0 | 34,5 | 35,0 | 35,5 | 36,0 | 36,5 | 37,0 | 37,5 | 38,0 | 38,5 | 39,0 | 39,5 | 40,0 |
| 373 | 379 | 384 | 389 | 395 | 400 | 405 | 410 | 415 | 420 | 425 | 430 | 435 | 440 | 445 | 450 | 455 | 459 | 464 | 469 | 473 | 478 | 483 | 487 | 492 |
| Weitsprung | | | | | | | | | | | | | | | | | | | | | | | | |
| 2,13 | 2,17 | 2,21 | 2,26 | 2,29 | 2,33 | 2,37 | 2,41 | 2,45 | 2,49 | 2,53 | 2,57 | 2,61 | 2,65 | 2,69 | 2,73 | 2,77 | 2,81 | 2,85 | 2,89 | 2,93 | 2,97 | 3,01 | 3,05 | 3,09 |
| 175 | 182 | 188 | 195 | 201 | 208 | 214 | 220 | 226 | 232 | 238 | 245 | 250 | 256 | 262 | 268 | 274 | 280 | 285 | 291 | 297 | 302 | 308 | 313 | 319 |



## Tabellen 3



**1** Fülle die Preise in der Tabelle aus.

| Süßigkeit | Anzahl | Preis |
|---|---|---|
| Lutscher | 2 | 20 ct |
| Kaugummi | 4 | 2,40 € |
| Tafel Schokolade | 5 | 10 € |
| Pack Bonbons | 10 | 15 € |

**2** Unten siehst du die einzelnen Preise der Pension „Traumurlaub". Beantworte die Fragen.

| | Übernachtung mit Frühstück | Übernachtung mit Frühstück (Preis pro Tag bei einem Mindestaufenthalt von 7 Tagen) | Zuschlag Mittagessen |
|---|---|---|---|
| Erwachsene | 21,00 € | 18,00 € | 8,00 € |
| Kinder (0–5 Jahre) | 11,00 € | 9,00 € | 8,00 € |
| Kinder/Jugendliche (6–17 Jahre) | 15,00 € | 12,00 € | 8,00 € |

a) Herr Meier möchte 3 Tage in der Pension übernachten und frühstücken. Wie viel Euro muss er bezahlen? 3 · 21 € = 63 € Er muss 63 € bezahlen.

b) Familie Schmidt (2 Erwachsene, 1 Kind (3 Jahre)) möchte 6 Tage bleiben. Wie viel Euro muss sie für die Übernachtung, das Frühstück und das Mittagessen bezahlen?
6 · 21 € · 2 + 24 € · 6 + 6 · 11 € = 462 €

c) Herr und Frau Schmidt bleiben 10 Tage zur Übernachtung und zum Frühstück. Wie viel Euro kostet der zehntägige Aufenthalt? 18 € · 10 · 2 = 360 €

**3** Unten siehst du die Angaben für Frikadellen „Norwegische Art". Fülle die leeren Felder in der Tabelle aus.

| Anzahl Personen | Hackfleisch | Zwiebeln | Schafskäse | Eier |
|---|---|---|---|---|
| 4 | 1000 g | 4 | 400 g | 8 Stück |
| 2 | 500 g | 2 | 200 g | 4 Stück |
| 8 | 2000 g | 8 | 800 g | 16 Stück |
| 6 | 1500 g | 6 | 600 g | 12 Stück |

**4** Ein Liter Benzin kostete im Mai 2008 1,50 €. Bernd hat den weiteren Literpreis in der Tabelle berechnet. Stimmt das?

| Menge in l | Preis pro Liter in € |
|---|---|
| 1 | 1,50 |
| 2 | 2,00 |

Wenn 1 l 1,50 € kostet, kosten 2 l 3,00 €

## Daten aus Diagrammen lesen





**1** Wie lange braucht Julia für die Hausaufgaben? Fülle die Tabelle aus.

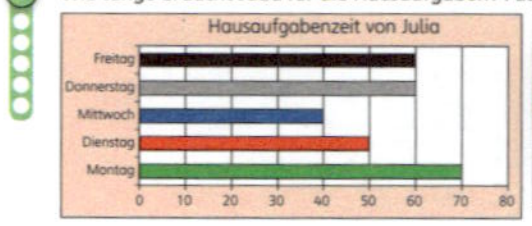


| Tag | Zeit in min |
|---|---|
| Montag | 70 |
| Dienstag | 50 |
| Mittwoch | 40 |
| Donnerstag | 60 |
| Freitag | 60 |

**2** Im Diagramm stehen die gerundeteten Zuschauerzahlen einiger Fußballstadien.
a) Lies die gerundeten Werte und notiere in der Tabelle.
b) Trage die genauen Werte ebenfalls in die Tabelle ein.

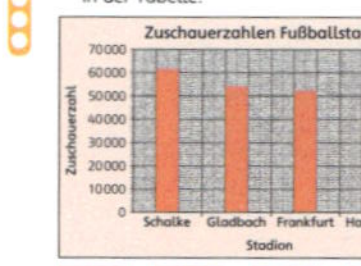


54019 61582 55351 52300

| Stadion | Gerundete Zuschauerzahlen | Genaue Zuschauerzahlen |
|---|---|---|
| Schalke | 62 000 | 61 582 |
| Gladbach | 54 000 | 54 019 |
| Frankfurt | 52 000 | 52 300 |
| Hamburg | 55 000 | 55 351 |

**3** Unten siehst du die verschiedenen Trainingsminuten von Jonas und Evi beim Fahrrad fahren. Lies die Werte aus dem Diagramm und notiere in der Tabelle.

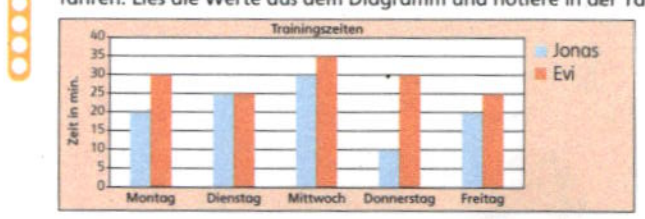


| Montag | | Dienstag | | Mittwoch | | Donnerstag | | Freitag | |
|---|---|---|---|---|---|---|---|---|---|
| Jonas | Evi | Jonas | Evi | Jonas | Evi | Jonas | Evi | Jonas | Evi |
| 20 | 30 | 25 | 25 | 30 | 35 | 10 | 30 | 20 | 25 |



## Diagramme erstellen



**1** Zeichne die Werte aus der Tabelle in das Säulendiagramm.

| | |
|---|---|
| Dusche | 110 l |
| Waschmaschine | 30 l |
| Geschirrspüler | 20 l |
| WC | 120 l |
| Hände waschen | 80 l |

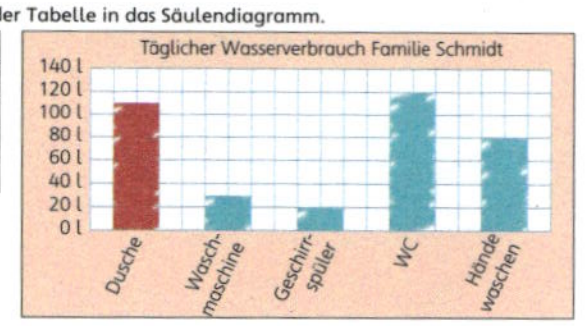


**2** Betrachte die Tabelle und notiere die Werte in das Balkendiagramm.

| Jahreszeit | Geburten |
|---|---|
| Frühjar | 65 |
| Sommer | 59 |
| Herbst | 70 |
| Winter | 85 |

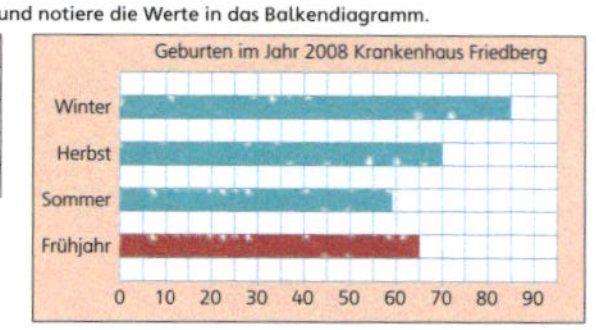


**3** Notiere die Ergebnisse aus der Tabelle in ein Säulendiagramm.

| Hobbies | Anzahl der Kinder |
|---|---|
| Fußball | 40 |
| Reiten | 20 |
| Lesen | 20 |
| Fahrrad fahren | 39 |
| Sonstiges | 28 |

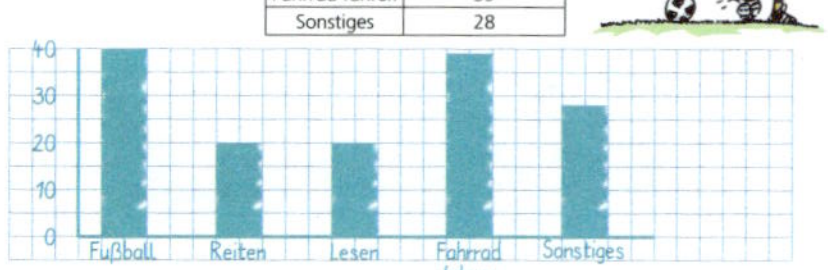


## Verschiedene Übungen





**1** Verbinde das Diagramm mit der passenden Tabelle.

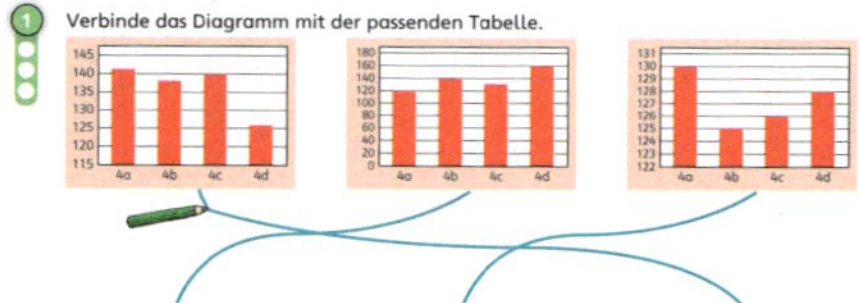


| Klasse | Geld in € |
|---|---|
| 4a | 120 |
| 4b | 140 |
| 4c | 130 |
| 4d | 160 |

| Klasse | Durchschnittliche Schülergröße |
|---|---|
| 4a | 130 cm |
| 4b | 125 cm |
| 4c | 126 cm |
| 4d | 128 cm |

| Klasse | Punkte bei der Schnitzeljagd |
|---|---|
| 4a | 142 |
| 4b | 138 |
| 4c | 140 |
| 4d | 126 |

**2** Für ein spezielles Mixgetränk benötigt man insgesamt 4 l Flüssigkeit.

a) Wie viel Liter Wasser werden für das Mixgetränk benötigt?
2 l

b) Wie viel Liter Limonade werden für das Mixgetränk benötigt?
1 l

c) Wie viel Liter Apfelsaft werden für das Mixgetränk benötigt?
1 l

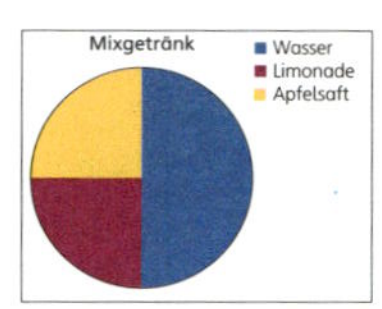


**3** Welche Aussagen passen zum Diagramm? Kreuze an.

- [x] Peter war im Januar 120 cm groß
- [ ] Peter hat im Juni 124 € gespart
- [ ] Peter geht immer weiter die Treppe hinauf
- [ ] Peter ist innerhalb von 3 Monaten um 6 cm gewachsen
- [x] Peter ist innerhalb von 3 Monaten um 3 cm gewachsen

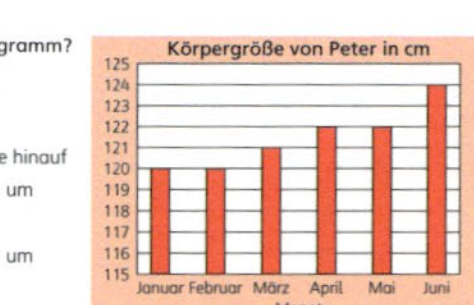




## Wahrscheinlichkeit



**1** Beim Glücksrad gewinnt man, wenn die Farbe „rot" gedreht wird. Sortiere die Glücksräder von der schlechtesten bis zur besten Gewinnchance.

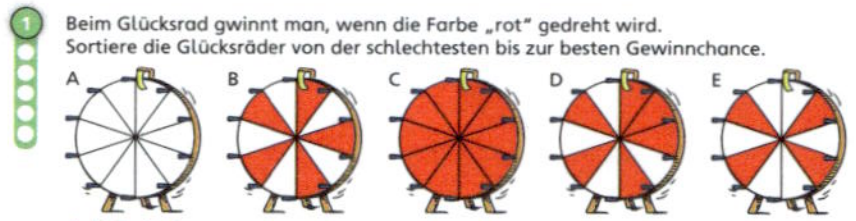


A, E, B, D, C

**2** Beim Glücksrad gewinnt man, wenn die Farbe „blau" gedreht wird.

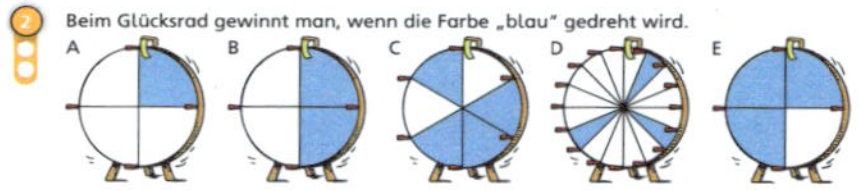


a) Bei welchem Glücksrad hast du die geringsten Gewinnchancen? D

b) Bei welchem Glücksrad würdest du drehen? E

**3** Schätze.
Du wirfst eine Münze. Wie oft wird „Zahl" fallen, wie oft wird „Wappen" fallen, wenn Du die Münze 30 mal wirfst und notierst welches Bild oben liegt? Ungefähr 15 mal Wappen und 15 mal Zahl wird fallen.

**4** Du hast drei Beutel mit 10 Kugeln. Wie oft musst du in jeden Beutel blind greifen, um auf jeden Fall eine blaue Kugel zu erwischen?

A: 9 gelbe, 1 blaue B: 1 gelbe, 9 blaue A: 5 gelbe, 5 blaue

Beutel A: 10 mal Beutel B: 2 mal Beutel C: 6 mal

**5** Jeremias möchte gerne ein blaues Bonbon essen. In jeder Tüte sind unterschiedlich viele Bonbons. Aus welcher Tüte zieht er eher ein blaues Bonbon, wenn er blind reingreift.

A: 6 gelbe 1 blaues B: 1 gelbes 1 blaues

a) Welche Tüte sollte Jeremias nehmen? Kreuze an.
- [ ] Tüte A
- [x] Tüte B

b) Begründe deine Entscheidung.
In der Tüte B sind nur 2 Bonbons und eins davon ist blau.

## Kombinatorik





**2** Tobi würfelt mit zwei Würfeln gleichzeitig.

a) Notiere die möglichen Augensummen, die Jan würfeln kann, in der Tabelle.

| | ⚀ | ⚁ | ⚂ | ⚃ | ⚄ | ⚅ |
|---|---|---|---|---|---|---|
| ⚀ | 2 | 3 | 4 | 5 | 6 | 7 |
| ⚁ | 3 | 4 | 5 | 6 | 7 | 8 |
| ⚂ | 4 | 5 | 6 | 7 | 8 | 9 |
| ⚃ | 5 | 6 | 7 | 8 | 9 | 10 |
| ⚄ | 6 | 7 | 8 | 9 | 10 | 11 |
| ⚅ | 7 | 8 | 9 | 10 | 11 | 12 |

b) Wie viele verschiedene Möglichkeiten gibt es?
Es gibt 36 Möglichkeiten

c) Wie viele verschiedene Augensummen gibt es?
Es gibt 12 verschiedene Augensummen.

d) Wenn Tobi 100 mal mit zwei Würfeln würfelt, welche Augensumme würde deiner Meinung nach am wenigsten Fallen? Begründe deine Entscheidung.
Entweder „2" oder „12". Hier müssen genau „1" und „1" oder „6" und „6" gewürfelt werden. Bei allen anderen Augensummen gibt es mehr Möglichkeiten.

**3** In einer Schale befinden sich eine rote, eine blaue, eine grüne und eine gelbe Kugel. Du ziehst zwei mal ohne die gezogene Kugel wieder zurückzulegen.

a) Notiere 2 mögliche Ergebnisse. Zum Beispiel (rot/blau), (rot/grün), ...

b) Wie viele verschiedene Möglichkeiten der Versuchsausgänge gibt es insgesamt?
Es gibt 12 Möglichkeiten.

**4** In einer Schale befinden sich eine rote, eine blaue und eine gelbe Kugel. Du ziehst zwei mal hintereinander. Nach jedem Ziehen legst du die Kugel wieder zurück in die Schale. Beantworte die Fragen. Tipp: die untere Abbildung hilft dir.

a) Wie viele verschiedene Möglichkeiten der Versuchsausgänge gibt es insgsamt?
Es gibt 9 Möglichkeiten.

b) Wie viele Möglichkeiten gibt es, dass gleiche Kugelfarben gezogen werden?
3 Möglichkeiten

c) Wie viele Möglichkeiten gibt es, dass ungleiche Kugelfarben gezogen werden?
6 Möglichkeiten

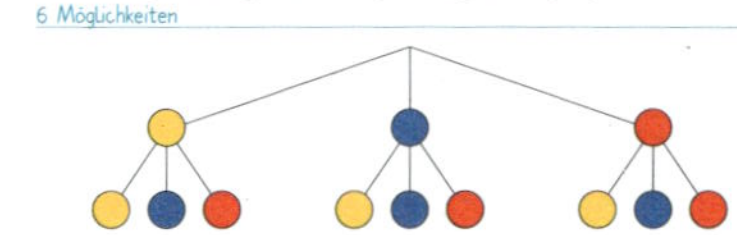